压电智能结构
振动控制系统研究

YADIAN ZHINENG JIEGOU
ZHENDONG KONGZHI XITONG YANJIU

U0342818

黄全振　著

知识产权出版社

全国百佳图书出版单位

图书在版编目（CIP）数据

压电智能结构振动控制系统研究/黄全振著 . —北京：知识产权出版社，2017.4
ISBN 978 – 7 – 5130 – 4605 – 3

Ⅰ.①压… Ⅱ.①黄… Ⅲ.①智能结构—结构振动控制—控制系统—研究 Ⅳ.①TP13

中国版本图书馆 CIP 数据核字（2016）第 281070 号

责任编辑：贺小霞　　　　　　　　　　责任校对：谷　洋
封面设计：刘　伟　　　　　　　　　　责任出版：刘译文

压电智能结构振动控制系统研究
黄全振　著

出版发行：	知识产权出版社 有限责任公司	网　　址：	http：//www. ipph. cn
社　　址：	北京市海淀区西外太平庄 55 号	邮　　编：	100081
责编电话：	010 – 82000860 转 8129	责编邮箱：	2006HeXiaoXia@ sina. com
发行电话：	010 – 82000860 转 8101/8102	发行传真：	010 – 82000893/82005070/82000270
印　　刷：	虎彩印艺股份有限公司	经　　销：	各大网上书店、新华书店及相关专业书店
开　　本：	720mm × 1000mm　1/16	印　　张：	11
版　　次：	2017 年 4 月第 1 版	印　　次：	2017 年 4 月第 1 次印刷
字　　数：	200 千字	定　　价：	48.00 元

ISBN 978-7-5130-4605-3

前　言

　　压电智能结构振动主动控制方法与技术涉及先进材料、控制理论、力学分析、数学建模、科学计算、实验技术等诸多领域，是多学科交叉的前沿课题，具有重要的科研学术意义和工程应用价值。作为压电智能结构主动减振研究的一个重要发展方向，自适应控制策略成为当前研究的热点，其中自适应滤波控制技术在理论方法和实验验证方面取得了较好的效果。但目前面向压电智能结构振动主动控制的自适应滤波控制方法依然存在很多不足，突出体现在控制器设计和算法过程的具体实施适应性上，同时算法缺乏比较完善的系统稳定性及控制效果分析方法，并在工程实现方面也存在较多的问题，需要进一步深入探索和研究。

　　本书以一种模拟临近空间飞行器压电智能框架结构为实验模型对象，着重进行自适应滤波振动控制方法及其实现算法研究，同时针对模型结构动力学分析方法与压电元件优化配置策略进行积极探索，并在此基础上构建整体实验平台和开发综合测控系统，以验证相关方法技术的可行性和有效性。全书可分为结构动力学分析与压电元件优化配置、自适应滤波振动控制方法与控制器设计、实验平台构建与实验验证分析三大部分。所做主要内容如下：

　　（1）以压电智能框架结构为实验对象，将分布式压电元件作为传感器和驱动器粘贴于结构表面，构建了一种模拟临近空间飞行器压电智能框架实验模型结构，并与开发的自适应滤波振动控制系统结合，形成了一套压电智能结构自适应滤波振动主动控制实验系统。

　　（2）采用行波分析法，对压电智能结构进行动力学分析，同时引入智能结构振动模态有限元分析技术，结合压电智能结构振动特性，分析了压电传感器/作动器的位置优化问题，并以框架组成单元梁为研究对象，给出优化目标函数，引入粒子群优化方法针对目标函数进行优化，实现分布式压电传感器/作动器元件的优化配置。

（3）鉴于经典自适应滤波 – X LMS 算法过程中需要预知与外激扰信号相关的参考信号，导致该方法存在工程适用性和技术实用性缺陷。本书提出了一种基于滤波 – X 改进型的参考信号自提取振动控制算法，着重考虑通过从振动结构中直接提取振动响应残差信号，进而基于控制器结构和算法过程数据构造出参考信号，满足与激扰信号的相关性并进入算法控制过程；仿真分析和实验验证表明：所提出改进的控制算法控制效果良好，不仅实现了参考信号的振动结构直接提取策略，并具有较快的收敛速度和良好的控制效果。

（4）在经典的自适应滤波 – X LMS 算法实施过程中，存在控制通道模型参数辨识问题，一般可采用离线辨识策略获得控制通道模型参数，但也很大程度上导致该方法在工程实际应用时具有较大的不实现性。本书提出一种控制通道模型在线辨识的自适应滤波振动主动控制方法，其基本思想是在控制输出端引入一个随机噪声信号，采用 FIR 滤波器作为受控通道模型进行实时在线辨识，同时控制环节采用滤波 – X 控制算法。经过仿真分析和实验验证表明，本书所提的在线辨识控制器设计方法及其实现算法控制效果良好，为进一步深入实用化研究奠定了基础。

（5）由于滤波 – X 控制器的传输函数是一个全零点的结构，其不考虑控制输出信号的反馈对参考信号的影响，而在实际的系统中这种影响是不能忽略的。滤波 – U 结构的传输函数中含有零极点，它可以在一定程度上解决振动反馈可能带来的控制系统的不稳定问题。本书以滤波 – U 为基础结构，研究了参考信号自提和控制通道在线辨识问题，分别提出了基于滤波 – U 的参考信号自提取振动控制方法和控制通道在线辨识的振动控制方法。经过仿真分析和实验验证表明，所提控制方法及其实现算法控制效果良好。

（6）在完成压电智能框架结构振动主动控制平台构建，以及结构振动控制系统软件开发的基础上，对本书所研究的自适应滤波振动控制方法及其实现算法进行了实验分析与验证工作。方法研究与实验验证表明，多通道自适应滤波结构振动控制方法具有较强的自适应能力，能够较快地跟踪受控结构系统参数及外扰响应的变化；本书所提出的自适应滤波振动控制算法与经典滤波 – X、滤波 – U 算法相比，虽然收敛速度略慢，但控制效果良好，尤其为提高自适应滤波控制方法的技术实用性和工程适用性，提供了有益的技术方法思路。

在本书编写过程中，高守玮副教授在控制算法的设计、实验平台的构建、实验系统的开发等方面给予很多指导和帮助，在此表示衷心感谢。另外，本书还参考了一些国内外同行发表的研究成果，在此一并表示最诚挚的感谢。

随着社会的发展、科学技术的进步，本书中提出的一些理论和方法也会相应得到优化和改进。由于作者水平有限，书中难免有疏漏和不妥之处，恳请各位专家、学者批评指正。

黄全振

2016 年 9 月

目　录

第一章　绪　论

1.1　课题研究的目的和意义

20 世纪 80 年代末学术界提出了智能材料与结构的概念[1,2]，它的诞生归功于人类对先进技术的不懈追求和众多学科高新技术的交叉与融合，其基本内涵是实现感知、驱动、信息处理、自主控制等机敏功能与结构本身紧密集成或融合，从而使结构本身具有自诊断、自适应、自学习、自修复、自增值、自衰减等智能化特征。智能材料与结构的出现为解决实际工程中普通材料无法实现的问题开辟了一条新途径，Rogers[3] 将这一概念的出现称为"新材料/结构时代的黎明"。90 年代初美国军方率先将智能材料结构列入军事科研计划项目，并投入大量的科研经费，随后俄罗斯、英国、日本、德国等国也在智能结构领域相继投入较大的人力和物力，对其理论和应用开展了广泛研究。

主动减振智能结构作为智能材料结构研究主要方向之一，着重针对结构振动状况进行自主感知与主动控制，通过将传感器、驱动器和控制器有机地与基体结构集成在一起，采用适当的控制方法和控制策略，使驱动器的控制输出产生准确的动作以改变结构的特性与状态，从而达到自适应实现结构振动控制的目的。当前在航空航天领域，基于智能材料结构内涵实现高性能飞行器的结构自主智能监测与控制，已构成最具优势的研究思路和研究热点，大量理论方法与实验研究成果充分表明该方法的先进性与可行性。例如，伴随着航天技术的发展，大型柔性结构在航天器上的构成与应用越来越多，由此带来的振动控制问题也愈加严重；常规的振动主动控制系统不仅控制器与结构完全分离，而且采用的是结构型传感器与电磁或液压式动作结构，普遍具有附加重量大、功耗较高、安装困难且为"点"式控制等缺点，对于重量、性能要求极其严格的空间系统，使结构振动主动控制方式难以实现甚至不可能实现，从而基于分布式测控思想的智能结构振动主动控制方法成为研究的热点[4-6]。

目前，用于智能结构中的智能材料很多，如形状记忆合金、光纤维材料、电磁流变材料、电磁伸缩材料和压电材料等，不同的智能材料与普通结构结合在一起形成了许多功能各异的智能结构。在诸多智能结构中，应用最广泛、研究最深入的是压电类智能结构[7]。压电材料由于存在正逆压电效应，不仅能用作机敏传感材料，而且可作为智能致动或驱动元件，并具有低功耗、电操作、频带宽和力由自身内部产生的优异特性，被广泛探索研究于弹性结构的静态形状控制和空间结构的振动控制领域，如自适应光学系统、机器人位移定位器、结构损伤诊断、太阳能帆板和直升机机翼等。尤其是空间结构在轨环境下通常都具有阻尼小、质量轻、刚度低等共同特点，在外部干扰下极易产生变形和振动，过分的变形或振动将致使结构失稳从而降低整个系统的运行功能，缩短结构的使用寿命，严重时甚至会导致结构疲劳和不可预测的破坏，因此，为提高大型柔性空间结构的工作性能和精度，必须针对这类关键结构的振动响应进行有效的控制。

当前压电智能结构振动控制在控制策略和方法上，几乎已涉及现代控制理论的所有分支，并在此基础上发展了多种振动主动控制方法[8-17]，其中以Sinha 为代表的独立模态控制[8]、以 Elbuni 为代表的极点配置方法[9] 和以Hanagud 为代表的最优控制方法[10] 都是基于受控结构精确模型的振动控制方法，因此在应用上具有很大的局限性。如对于空间结构和高速飞行器结构，由于干扰因素的复杂性和大变形非线性效应的存在，建立其精确的数学模型是不可能的，同时空间或飞行器结构的物理特性变化和载荷特性渐变，不仅对控制器提出了鲁棒性要求，而且自适应调整和在线学习问题也必须予以妥善解决。在此情况下，近年来开始探索采用鲁棒控制、自适应控制、智能控制和神经网络控制进行此类系统的控制器设计，并已在理论和实验方面取得了一些有意义的成果[18-24]。但总体而言，这些方法仅获得了初步实现，发展并不成熟，应用也各有其局限性，还有待于进一步深入探索和研究。

鉴于压电主动减振智能结构研究内涵的丰富性和控制问题的复杂性，本课题着重面向压电智能结构振动响应自适应滤波控制方法及实验验证开展探索和研究，研究意义在于通过前沿科学领域的课题研究和科研引导，在学术上探索面向高性能飞行器的主动减振智能结构研究新方法，在技术上获取知识交叉集成的创新能力和开发经验，在应用拓展上为其他科研与工程技术领域提供关键技术基础；同时，本课题构建的实验平台在对所探索方法和技术进行分析与验证的基础上进一步拓展和完善，还可为主动减振智能结构更深入的研究以及将来的工程实现提供研究基础。

1.2　压电智能结构振动控制的研究概况

1.2.1　智能结构概述

智能结构这一概念提出于 1985 年，是当前先进结构与结构监控方面正在迅速发展的一个崭新领域，由于对它的研究目前尚处初级阶段，众多学科的研究人员往往侧重不同的角度给出自己的表达方式，因此对它的定义也不尽相同，如常将它称为机敏结构、自适应结构或主动结构。当前对其概念较为全面的论述是：智能材料结构是将传感元件、驱动元件，以及包括检测电路、控制电路、信号处理单元、功率放大器等的整个控制系统紧密集成或融合在结构中，从而形成一个整体。由智能材料结构的定义可以看出，智能材料结构具有感知、辨识、寻优和控制 4 种基本功能。为实现这些功能，智能材料结构至少应包含传感元件（传感器）、执行元件（驱动器）和信息处理单元（控制器）等基本组成部分[25,26]。

（1）智能结构的传感元件

智能结构的传感元件犹如人类的"神经系统"，可以感受自身的各种信息，并按照一定规律将这些信息转换成有用输出信号，以满足信息的传输、处理、存储、记录、显示和控制等要求。早期的传感元件一般都是结构型的，它们利用机械结构的位移或变形来完成非电量到电量的转换。随着各种半导体材料和功能材料的发展，利用材料的压敏、光敏、热敏、气敏和磁敏等效应，可以把压力、光强、温度、气体成分和磁场强度等物理量变换为电量，由此研制成的传感元件称之为物性传感元件。目前此类传感元件大致有光导纤维传感器元件、压电传感元件、电阻应变丝、半导体传感元件等。

压电传感元件主要有 PZT 压电陶瓷、压电复合材料和 PVDF 压电薄膜。压电陶瓷作为传感元件具有响应速度快、测量精度高和性能稳定的优良技术特征，但它的脆性较大，抗冲击能力差，密度大，与结构黏合后对结构的动态性能影响也比较大。PVDF 压电薄膜，柔韧性好，密度低，与基体结合对结构的性能影响小，但是它的使用温度范围低，一般不超过 40℃。压电复合材料保持了压电陶瓷的高压电性能，同时也兼顾了 PVDF 的柔韧性特点，是一种比较理想的智能材料传感元件。

（2）智能结构的执行元件

智能结构的执行元件是一种致动器件，其功能是执行信息处理单元发出的控制指令，并按照规定的方式对外界和内部状态或特性发生变化做出合理的反应，以保证结构在各种工作情况下性能最优。因此，执行元件的驱动元件应该和基体很好结合，具有高的结合强度，机械性能好，响应速度快，性能要稳定，驱动力要大且能够控制，同时理想的力学执行元件应能直接将电信号转换为母体材料中的应变或位移。目前智能结构中常用的驱动元件有：形状记忆合金、压电陶瓷、压电薄膜、电致伸缩材料、磁致伸缩材料。形状记忆合金是智能结构中最先应用的一种驱动材料，可以实现多种形式的驱动，易于和基体材料结合，变形量大。但是它激励时所需要的能量大，响应速度慢。压电陶瓷既可以作为传感元件也可以作为驱动元件，它响应速度快，驱动力适中，与基体结合较好，控制方便，但是模量大，与基体粘合对基体性能影响较大。压电薄膜常用材料为聚偏二氟乙烯，它与基体的结合好，响应速度快，缺陷是驱动能力小，适用温度范围小。电致伸缩材料和磁致伸缩材料与基体结合好，应变大，但是它响应频宽小，非线性度高，不易控制。表1-2-1给出了常用驱动材料的一些性能。

表1-2-1　常用驱动材料性能比较

	压电陶瓷	形状记忆合金	压电薄膜	电致伸缩材料	磁致伸缩材料
常用材料	PZT-5H	NiTi 合金	PVDF	PMN	Terfenol D
最大应变	0.13%	2% ~8%	0.07%	0.1%	0.2%
频带	100kHz	<10kHz	100kHz	100kHz	<5Hz
模量/GPa	60.6	90	2	64.5	29.7
密度/kg/m³	7500	7100	1780	7800	9250
能密度/J/kg	6.83	4.13	0.28	6.42	中等
滞后	10%	高	>10%	<1%	2%
温度范围/℃	-20 ~200	—	0 ~40	高	低

（3）智能材料的控制单元

智能结构的控制器就像"人类大脑"，对传感元件感知信号进行分析处理，然后发出指令控制执行元件进行动作，它主要由具有控制功能的硬件电路或电脑芯片与软件组成。结构之所以具有智能特征源于它的自主辨识和分布式控制功能，这意味着需要有一个与其相适应的完善控制策略和分布式的计算结构。从控制策略上讲，智能结构的控制一般可分为 3 个层次：局部控制、全局算法控制和智能控制。局部控制的目标是增大阻尼和/或吸收能量并减小残留位移或应变；全局算法控制的目标是镇定结构、控制形状和抑制扰动。前两种控制问题是目前的技术水平可以实现的。智能控制则是未来应重点研究的领域，它通常应具备以下功能：系统辨识、故障诊断和自主隔离/修复或功能重构、精确定位和扰动主动控制、在线自适应学习等。从计算结构上讲，智能结构应主要包括数据总线、连接网络布置和分布式信息处理系统。总线结构的设计应适合大量数据的高速传输；连接网络的布置应适合大量传感元件、执行元件和分布式信息处理单元的互联，并应考虑将对结构完整性的损害降至最低限度；信息处理系统应具有分布式和中央处理方式相协调的特点，对于复杂的时变系统，还应考虑具有较强的鲁棒性和在线学习功能。

1.2.2 压电智能材料在结构振动研究中的应用

虽然早在 1880 年皮埃尔·居里（Pierre Curie）与其兄长雅克斯·居里（Jacques Curie）一起发现了压电效应，次年 Gabriel Lippman 根据热力学原理发现了逆压电效应[27]；但是由于压电效应中力电耦合特性相当复杂，很难应用到实际工程中，直到 1954 年 Jaffe[28]发现了锆钛酸铅（PZT），成为压电材料研究及其应用中的一项重大突破。至今为止，压电材料已成为弹性结构中最受欢迎的智能材料。压电智能材料在结构振动中的研究和应用受到众多研究机构和专家的青睐，成为当前智能结构领域主要研究方向之一。

在航空航天、车辆工程、土木工程等领域中，由于其中的结构或构件在服役或运行期间易遭受外界环境的干扰而发生不期望的振动，过分或长时间的反复振动会导致构件的损伤或疲劳破坏，所以将压电智能材料应用到结构振动主动控制中，已构成最具优势的研究思路和研究热点。如 Bailey 等率先将压电材料应用到航空航天振动控制领域[29]，随后 Crawley 和 Tzou 等也较早开始了这方面的研究[30,31]；S. E. Miller 等[32,33]把压电主动阻尼器成功地应用到各向异性矩形板的振动控制中；Chee C. Y. K 等[34]使用压电技术建立了谐振控制系统；Maillard J. P 等[35]提出通过直接对结构施加主动控制实现结构噪声辐射抑制的思想；Giurgiutiu V 等[36]将压电晶片传感器应用在航空航天领域；Suleman A 等[37]研究了压电作动器在飞机气动弹性振动控制中的可行性；Hansson J 等[38]把压电材料应用在火车体竖向弹性振动控制中；Sethi V 等[39]针对压电智能框架复合结构的多模态进行振动控制研究；Kozek M 等[40]采用粘贴在车体底部的压电致动器实现火车运行过程中振动主动控制的目的；朱军强等[41]将压电主动杆件应用到单层网壳结构振动主动控制过程中；赵大海等[42]对安装有压电摩擦阻尼器的模型结构进行了地震模拟振动台试验研究；Gupta V 等[43]理论分析推导了高温下的压电片本构方程，并通过实验验证了所提出的本构方程。陈震等[44]将遗传算法和线性二次型最优控制相结合，研究了压电智能悬臂梁振动主动控制；Marinaki M 等[45]分析比较了简单粒子群优化、带惯性权重的粒子群优化算法以及压缩因子粒子群优化算法等三种粒子群优化算法，并以 LQR 作为控制方法，比较了控制效果。Sahin M 等[46]分析了压电片的传感作动机理，并采用鲁棒控制对受迫振动悬臂梁的一阶共振响应进行了振动控制实验研究；猴新科等[47]采用预测函数模型对压电柔性悬臂梁结构进行振动控制研究；Thinh TI 等[48]依据一阶剪切变形理论，使用有限元方法研究了粘贴压电片的静态变形控制以及振动主动控制；Bruant I 等[49]使用遗传算法，以能控能观性为指标，并考虑剩余模态，优化了简支板压电传感器与作动器的方向与位置；Balamurugan V 等[50]探索了使用有限元分析方法，结合 LQR 最优控制进行板壳的控制，并给出了几种压电片布置的实例。

1.2.3　压电智能结构振动控制研究现状

通常压电材料通过粘贴在结构表面或埋置于结构内部两种方式作为传感器和作动器与主结构一起构成智能结构，表面粘贴型的致动器极化方向一般沿其厚度方向，在电场作用下沿长度方向发生伸缩变形，从而对主结构产生拉伸致动的目的。而对于埋置型的致动器则沿其长度方向极化，在垂直极化方向电场作用下会发生剪切变形，从而实现对主结构的变形进行控制的目的。早期的压电智能结构振动控制主要集中在简单的智能梁结构，如 1981 年 Forward R. L.首先将压电陶瓷应用在圆柱天线结构振动控制中[51]；Liao 等[52]利用混合变分原理对压电柔性杆件的弹性振动控制进行研究；Ye R. 等[53]对薄壳上下表面对称粘贴压电材料的系统进行了研究，提出了"智能壳"的概念；Chen 等[54]以带有 SMA 层和受约束的粘弹性层的柔性梁为对象，进行了振动耗能实验；Trindade M. A. 等[55]分别对压电片粘贴结构表面和植入结构内部方式进行了振动控制对比研究。板壳结构是工程中最长常见的结构形式，有关压电智能板振动控制的研究也一直很活跃，如 Heeg[56]利用压电层板通过改变俯仰方向刚度和阻尼，研究二维二自由度翼段的颤振抑制问题，风洞实验证实其装置可以提高颤振临界频率20%；Lin C. Y. 等[57]人利用压电应变作动器实现了对一个后掠角为30°的复合材料层板机翼模型的颤振抑制和阵风延缓；Lazarus K. B. 等[58]人分别利用铝板和环氧树脂作为基体材料，将压电片布满平直机翼模型上下表面，研究其振动与颤振抑制效果；Richard[59]通过优化机翼上的压电贴片传感/作动器对的尺寸和位置，研究了三角翼的颤振控制；Saunders、Sadri 和 Harari 等[60-69]分别对压电智能板的弯曲、扭转模态、压电片的植入方式及其位置优化进行了深入的研究，并得了一定的成果。

我国的压电智能结构振动控制研究兴起于90年代中期，近年来这一领域的研究非常活跃并获得了很大的进展，如1997年进行的重大基金项目"复杂控制系统的几个关键问题"的子课题之一"柔性结构控制系统"，由哈尔滨工业大学等几个单位合作，在挠性结构建模、刚度悬殊和频率密集结构的建模和控制、智能结构的振动主动控制等方面进行了系统研究[35,70,71]；大连理工大学[72]研究了压电智能桁架的一体化优化设计；重庆大学[73]开展了折叠式柔性结构振动主动控制的研究；华南理工大学的邱志成教授针对梁、板和壳压电智能结构的振动控制国内外研究现状进行了详细阐述[74]；其他如上海交通大学、北京航空航天大学、西安交通大学、东南大学、南京航空航天大学、西北工业大学等研究单位，在主动减振智能结构方面均取得了众多研究成果[75-85]。近几年国家自然科学基金委针对压电智能结构方面的研究支持力度较大，如清华大学李龙土教授主持的"新型压电微电机的驱动机理及优化设计技术的研究"、浙江大学魏燕定教授主持的"基于压电智能驱动器的扭振主动控制技术研究"、南京航空航天大学陈勇教授主持的"用于飞行器翼面流场主动控制的智能结构基础"、合肥工业大学王建国教授主持的"层状压电结构分析的状态变量法"、武汉科技大学程耕国教授主持的"压电材料在柔性构造物智能控制中的应用研究"、哈尔滨工业大学孙立宁教授主持的"压电陶瓷微驱动器件极化模型与驱动方法的研究"、浙江师范大学阚君武教授主持的"压电液压振动控制器的基础理论与关键技术研究"'重庆大学李以农教授主持的"基于压电堆驱动的齿轮传动系统振动主动控制关键理论与方法研究"、哈尔滨工业大学陈照波教授主持的"高超声速飞行器敏感仪器设备的主动隔振技术及其非线性问题研究"等众多国家自然科学基金资助项目。

压电智能结构主动控制过程中主要关键性问题之一，就是如何设计合理的控制方法与控制器，在当前所采用的主要控制方法中，模态控制、极点配置和最优控制方法都是基于受控结构精确模型的振动控制方法，因此在实际工程应用领域具有很大的局限性[86-90]。如对于航天器大型柔性结构，由于结构振动模态的复杂性和大变形非线性效应的存在，建立其精确的数学模型是不可能的，同时航天器结构的物理特性变化和载荷特性渐变，不仅对控制器提出了鲁棒性要求，而且自适应调整和在线学习问题也必须予以妥善解决[91-93]。在此情况下，近年来开始探索采用自适应控制、鲁棒控制、模糊控制和神经网络等智能控制进行此类系统的控制器设计，并已在理论和实验方面取得了一些有意义的成果[94,95]，下面分别详细地阐述：

自适应控制振动控制主要用于受控对象及其参数存在较严重不确定性的振动系统，其控制的实质为：当外界环境和工作条件改变时，被控过程的反应有较大幅度变化，这时常规的反馈控制往往不能很好地满足对控制性能指标的要求，于是需要控制器本身具有对外界环境变化的能力，即当外界环境和工作条件改变时控制器本身的参数或结构也能自动做出相应的变化，以保证系统的性能指标都尽可能保持最优。自适应控制大致可划分为自适应前馈控制、自校正控制和模型参考自适应控制三大类[96]。自适应前馈控制[97]通常假定干扰源可测，如 Vasques 等[98]分析了被动约束层阻尼控制与主动阻尼控制的控制效果、稳定性和鲁棒性，使用滤波 LMS 算法消除了激励梁的压电片的宽频电压波动；罗剑波等[99]将三自由度二元机翼颤振模型进行改进后，运用到机翼的颤振主动抑制上，得到了良好的控制效果；Landau 等[100]考虑自适应前馈补偿系统与机械反馈的耦合效应，在分析机理的基础上，给出了理论证明，并通过实验对比验证了所提算法。自校正控制[101]是一种将受控结构参数在线辨识与受控器参数整定相结合的控制方式，如 Sun L. 等[102]采用新型主动径向轴承，使用多变量自校正适应算法控制电机系统的受迫振动；Chen M. Y. 等[103]设计了自校正控制磁浮导引系统。模型参考自适应控制[104]是由自适应机构驱动受控结构，使受控结构的输出跟踪参考模型的输出，如 Ko J. 等[105]采用模型参考自适应控制研究了机翼断面极限震荡环的主动抑制；Nestorovi 等[106]给出了非线性直接模型参考自适应控制用于斗形压电结构振动控制的仿真；Khoshnood 等[107]提出了八自由度运载火箭的模型参考自适应振动控制方法；Khoshnood 等[108]研究了偏航与俯仰通道的对称特性，提出了一种带偏航通道辨识的新型模型参考控制。

鲁棒控制就是采用线性反馈律，使得闭环系统的稳定性或性能对于扰动具有一定的抵抗能力。H_∞ 控制[109]是设计控制器在保证闭环系统各回路稳定的条件下使相对于噪声干扰的输出取极小的一种优化控制法。它将鲁棒性直接反映于控制性能指标上，设计出的控制律具有其他方法无可比拟的稳定鲁棒性，因此采用该控制方法对结构进行主动控制得到了大量学者的普遍关注，并有许多研究成果问世，如徐亚兰等[110]以压电柔性结构为对象，考虑其被控模态参数的不确定性及剔除残余模态所引起的模型误差，建立结构的不确定线性分式模型，并根据不确定模型，在确保闭环系统 H_∞ 范数小于设定上界条件下总体优化 H_2 范数，设计一个对结构进行振动控制的动态输出反馈控制器；于骁等[111]考虑地震激励的不确定性，采用离散的 H_∞ 反馈控制方法设计减振控制器；Cavallo 等[112]考虑了一个机械柔性系统的主动振动控制律，提出了 H_∞ 性能最小策略；李冬伟等[113]利用多变量频域辨识原理识别出柔性板实验系统前三阶模态的多输入多输出传递函数模型，对具有乘型不确定性的板模型在干扰抑制、控制增益约束以及鲁棒稳定性三方面进行频域加权整形，构建了 H_∞ 混合灵敏度控制系统；Peng C. 等[114]提出了一个时滞相关鲁棒 H_∞ 稳定性分析和不确定性时滞系统综合控制的新方法；赵童等[115]以柔性板为对象，研究了基于时滞 H_∞ 控制的振动方法；杨海峰等[116]利用一种扩展 LMI（Linear Matrix Inequality），对柔性悬臂梁的振动提出了改进的 H_2/H_∞ 综合状态反馈鲁棒控制方法。

模糊控制与神经网络在压电智能结构振动控制方面的应用，模糊控制[117]由于具有较强的鲁棒性和无需建立结构振动系统的精确数学模型的两大特点，已有许多学者将其应用到结构振动控制领域，并取得了一些成果[118,119]，如 Cohen 等[120]采用自适应模糊控制方法研究了直角四面体空间桁架的振动控制；Jnifene 等[121]提出了二自由度平台夹持的柔性梁末端振动的模糊控制方法；Gu 等[122]采用模糊正位置反馈控制研究了复合工字梁的振动控制问题；曾光等[123]将模糊控制应用于多输入多输出的空间智能桁架系统的振动控制中，有效地抑制了控制溢出问题；Si 等[124]采用模糊控制理论研究了柔性压电空间桁架的振动控制问题；陈文英等[125]针对智能桁架结构的振动抑制问题，设计了自适应模糊主动振动控制器；Wei 等[126]提出了空间机械臂的模糊振动控制方法。神经网络控制在其运算过程中误差的反复计算和迭代过程计算量很大，在实时控制系统中，会遇到耗时过长问题，因此较适用于大型复杂结构和机械低频振动控制，如 Canelon 等[127]基于自适应神经网络建立了黑鹰直升机的振动控制模型；孙浩等[128]利用小波变换和神经网络对振动响应信号进行趋势预测，以便进行有效的振动控制；Yang 等[129]基于人工神经网络，研究了带主动阻尼块的建筑结构的模型辨识与振动控制；孙仲健[130]提出采用分布式神经网络控制解决柔性结构振动问题，在采用较小的控制力情况下，取得了更好的控制效果；郑毅强等[131]提出基于径向基函数神经网络原理的桥梁结构反应预测模型，对基准控制设计桥梁振动控制模型进行数值仿真，将预测结果与经典控制算法结果进行对比分析；Monjezi 等[132]使用四层前馈反向神经网络，预测爆炸引起的地基振动。Kumar 等[133]使用人工神经网络分析了大型汽轮机的振动数据。

上述可知，由于智能控制理论引入振动主动控制系统中，使得振动主动控制在理论和实验方面取得了一些有意义的成果。但总体而言，这些方法仅获得了初步的实现，发展并不成熟，应用也各有其局限性，因此还有待于进一步的深入探索和研究。

1.2.4　压电智能结构振动主动控制系统的关键技术

压电智能结构振动主动控制系统作为智能材料结构研究主要方向之一，着重针对结构振动状况进行自主感知与主动控制，通过将传感器、驱动器和控制器有机地与基体结构集成在一起，通过适当的控制方法和控制策略，使得驱动器的控制输出产生准确的动作以改变结构的特性与状态，从而达到自适应实现结构振动控制的目的。它一般由结构基体材料、传感网络、驱动网络和相应的振动控制器组成的。其基本构成原理如图1-2-1所示。

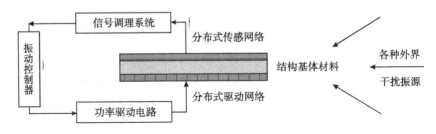

图 1 - 2 - 1　压电智能结构振动主动控制系统

图 1 - 2 中埋入了压电传感、驱动和控制系统的智能结构，不仅具有传统结构的承载功能，而且其中的传感元件可以对结构的振动状况进行监测，驱动系统在控制系统的作用下，产生准确的动作，改变结构的特性与状态，从而实现对结构振动及其辐射噪声的主动控制功能。压电智能结构振动主动控制系统的研究虽然发展迅速，并具有极为广泛的应用前景，但目前它仍是一个未成熟的领域，因此在理论和工程实用化方面还有大量艰巨的工作需要完成。为尽快使主动减振智能结构向实用化方向发展，当前对其研究有两个主要的关键性问题：

（1）传感器和驱动器的最优布放与最优数量选择

实际工程结构都是连续的分布参数系统，因此受控结构的自由度通常成千上万，具有十几万个自由度的大型空间挠性结构也并非罕见。且不说各类有关结构自由度的缩聚方法是否会带来不可控的系统误差，即使缩聚是有效的，在智能结构中实际使用的传感元件和驱动元件的数量也会比缩聚后的结构自由度少得多。因此，为确保对结构振动特性的精确估计和控制执行元件动作结果的正确性与准确性，传感元件和驱动元件的最优位置布放与最优数目选择是一个必须重点研究的关键问题。

当前对这一问题的探讨主要是采用优化方法加以确定，优化设计的目标函数主要有两种：一种是针对振动控制问题，一般以受控对象的振幅、加速度以及控制能量最小为目标函数；另一种是针对噪声辐射控制问题，一般选择受控结构的辐射声压最小为目标。随着研究的深入，还应该对结构的重量、成本和控制性能进行综合考虑，确定多个性能指标下的优化目标函数。

（2）新型高效的控制方法研究

20世纪70年代以来，科学技术的进步促使现代控制理论得到了迅速的发展，最优控制、鲁棒控制、容错控制、自适应控制和智能控制等一系列新的控制理论与控制策略相继问世。新的控制思想和控制技术对智能结构的发展产生了巨大的推动作用。但由于主动减振智能结构中驱动器数量多，控制规模大，而且对控制的能量、速度和鲁棒性均有很高的要求，以及上述控制理论本身在实用化上尚不成熟。因此，还需进一步研究适用于主动减振智能结构的新型高效的控制方法。

（3）控制器设计与控制系统具体实现

控制器的设计是实现压电智能结构振动主动控制的核心问题。通常进行这一工作应重点综合考虑以下几个因素的影响：①受控对象的规模；②需要的控制动作速率；③控制精度；④受控对象的线性程度与变化规律；⑤外部激励的特点及在线辨识的难易。因此，进行控制器设计不仅要考虑选择何种控制策略，而且要研究控制效果的可靠性与准确性问题。

1.3 自适应滤波振动主动控制技术

1.3.1 自适应滤波算法概述

自适应滤波方法的研究工作最早开始于20世纪中叶，是近50年来发展起来的信号与信息处理学科中的一个重要分支[134]。1957～1965 年，美国通用电气公司的豪厄尔斯（Howells P.）和阿普尔鲍姆（Applebaum P.），在与他们的同事们研制天线的过程中，为了抑制旁瓣，消除掺杂在有用信号中的噪声和干扰而首先提出这个概念。而美国斯坦福大学的维德罗（Widrow B.）和霍夫（Hoff M.）则在维纳滤波，卡尔曼 RE 滤波等线性滤波基础上于 1965 年首次提出了最小均方自适应算法，从而奠定了自适应滤波的理论基础[135]。同时，苏联莫斯科自动学和遥控力学研究所的艾日曼（Aizermann）及其同事们，也研制出一种自动梯度搜索机器。英国的加布尔（Gabor D.）和他的助手们则研制出了自适应滤波器[136]。需要说明的是，他们的工作都是独立进行的。

到了 20 世纪 60 年代后期及 70 年代初期，有关自适应滤波的理论研究和实践应用得到了进一步的发展，各种自适应滤波算法相继被提出，并广泛应用于通信、雷达、声呐、生物医学等许多领域中[137]。1967 年，自适应噪声对消系统在斯坦福大学建成，并成功应用于医学中，主要用于对消心电放大器和记录仪输出端的 60Hz 干扰。1969 年，勒凯（Lucky R. W.）在美国贝尔实验室首先将自适应滤波应用于商用的数字通信中[138]。此后，瑞格勒（Riegler R.）和康普顿（Compton A. H.）推广了由豪厄尔斯和阿普尔鲍姆所做的工作。随着自适应空域滤波概念的不断完善，一类由维德罗、格里菲斯（Griffiths L. J.）等人研制出来的基于"引导信号"算法的自适应波束形成器应用于自适应阵列信号处理[139]。1969～1972 年，由 Griffiths. L. J and Lacoss. R. T 发明了又一类和"引导算法"相似的"线性约束"自适应天线算法[140]。

自适应滤波器与普通滤波器相比，有两个重要的特点[141]：①自适应滤波器的滤波参数（系数）能随着外界信号统计特性的变化而动态地调整，始终保持最佳的滤波状态，实现最优滤波。②自适应滤波器除了滤波器的硬件以外还包括算法，算法是自适应滤波器的基础，自适应滤波算法决定了滤波器如何根据外界信号的变化来调整自身的参数（系数），自适应算法的好坏直接影响着滤波效果。目前，相对而言自适应滤波算法的研究已经比较成熟，使用最广泛的算法有 LMS（Least Mean Squares，最小均方误差）和 RLS（Reeursive Least Square，最小二乘）以及在此基础上的一些改进算法，如变步长 LMS 算法、归一化 LMS 算法、LMS 牛顿算法、LMS 拟牛顿算法、变化域投影算法、子带分解算法、QR（Quick Response，快速反应）分解算法等。RLS 算法直接对输入信号的自相关矩阵的逆矩阵进行递推估计进行系数更新，具有收敛速度快的特性，并且其收敛性能与输入信号的频谱特性无关。但是，RLS 算法的计算复杂度很高，硬件实现时所需的存储量极大，不利于硬件的实时实现。此外若被估计输入信号的自相关矩阵的逆矩阵失去了正定特性，这还将引起系统发散。而由 Widrow 和 Hoff 提出的 LMS 算法虽然收敛速度较 RLS 算法慢，但其结构比较简单、涉及的计算量小、系统的鲁棒性强、易于用硬件实现，因而在实践中被广泛采用。

1.3.2 自适应滤波振动控制发展现状

随着压电智能材料结构概念正在向各个工程领域的广泛渗透，当前采用自适应控制策略实现智能/机敏结构的减振降噪已成为振动和噪声控制领域的一个新的发展趋势。尤其近年来由自适应滤波技术基础上发展起来的自适应滤波前馈控制方法，在实现机敏结构振动响应的自适应控制方面取得了很大的进展，并因此成为当前结构振动主动控制的研究热点之一。

自适应滤波结构振动主动控制方法来源于信号处理中的自适应滤波技术，同时对它的分析还必须考虑受控结构系统的动态特性。这一控制方法以抵消外扰引起的受控对象振动响应为出发点，要求设计出这样的自适应滤波器，即控制信号输出通过作动器产生控制力作用于受控对象，使受控对象中对振动水平有一定要求的位置上的控制响应与外扰在这些位置上的响应相抵消，达到消除或降低受控对象振动水平的目的。自适应滤波前馈控制方法的核心是自适应算法，要保持结构的振动响应始终处于一个较低的水平，就必须要求自适应算法具有收敛性好、计算量小、跟踪能力强的特点。在该方法研究方面，Burdisso R. A. 和 Fuller C. R. 等人[142-152]的工作非常显著，他们针对不同的压电机敏结构作为振动控制的受控对象，实验中均取得了良好的减振降噪效果，并且表明通过对结构振动响应的主动控制来抑制由结构振动引起的噪声辐射，比传统的被动阻尼及有源消声等方法更有效及易于实现。其他许多学者对其也做出了较大的成果，如徐志伟等[153]以某飞机上典型的复合材料弯管结构为研究对象，采用自适应前馈振动控制策略实现了振动主动控制的目的，随后他与孙亚飞等[154]以某飞机座舱模型为研究对象，利用压电智能结构并结合振动主动控制方法和 LMS 自适应滤波算法，实现了一套完整的飞机座舱模型振动、噪声主动控制系统；胡小锋等[155]提出利用自适应滤波技术对时变的振动速度信号进行滤波，提高速度反馈的主动阻尼控制算法的稳定性，实现悬臂梁振动的有效抑制；孙建民等[156]针对简化的汽车模型，采用自适应滤波算法对悬架系统的振动控制收到了较好的效果；汤亮等[157]以星载磁悬浮变速控制力矩陀螺为对象，采用基于归一化最小均方算法的自适应滤波算法，研究了衰减卫星姿态抖动的控制方法；Park 等[158]给出了直接自适应整型滤波器的最佳延迟提取算法，并在桁架机器人的振动控制试验中验证了该算法的有效性；肖作超等[159]采用基于最小均方算法的自适应滤波前馈控制器，同时使用基于最小二乘算法辨识得到的模型，进行了单层隔振系统仿真研究；Mazur 等[160]研究了自适应前馈噪声控制系统的振动板温度补偿问题。

由于自适应滤波器具有格式滤波器和横式滤波器两种形式，相应地也有格式算法和横式算法。格式算法有三个主要特点，一是对滤波器阶数和时间进行递推，产生直到最高阶次为止的所有各阶滤波器系数，这也是这一算法的固有特点。倘若只需要某一给定阶次的滤波器，格式算法的这种特点则因其很大的计算量而变为一种缺点。二是算法本身包含着对输入数据的正交化过程，因而具有较高的收敛速度和跟踪性能。三是格式算法确定了滤波器的系数，却未以明显的方式给出，因此在实际应用时，还需额外的计算来获得所需的滤波器参数。相比之下，虽然横式滤波算法的数值特性不如格式算法好，但因其不必计算低阶滤波器系数，计算量较相应的格式算法要小得多，且滤波器系数直接以显式给出。因此，在基于自适应滤波的结构振动响应主动控制方面，往往采用阶数固定的 FIR 和 IIR 横式滤波器，如 Glugla 等[161]通过修改梯度算子，提出了一种基于 FIR 滤波结构的延时补偿 LMS 振动控制算法；Semba 等[162]对硬盘驱动器 FIR 滤波自适应振动控制进行了仿真分析与实验验证，并与开关控制结果进行了对比；马宝山等[163]以正弦信号激励两自由度汽车悬架振动系统模型，在计算机上利用 Matlab 软件进行仿真，结果表明 LMS 算法能显著地改善汽车悬架的性能；Tammi[164]对比分析了 FIR 滤波器的 LMS 算法以及频域收敛自适应控制方法，并指出频域收敛自适应控制方法更为简单，控制效果也较好；丁渊明等[165]结合空间滤波与最小均方（LMS）自适应滤波优点，提出并研究了空间自适应滤波方法；Vipperman 等[145]分析了基于 IIR 结构以及 FIR 结构的滤波 X - LMS 算法，并在简支梁上对两种算法进行了实验分析；Montazeri 等[166]将 RLS 快速算法应用于噪声与振动控制，与传统自适应 IIR 算法相比，具有更小的均方误差值；Montazeri 等[167]提出了 RLS 快速 IIR 算法，并与 FULMS 与 SHARF 算法进行了对比，指出 RLS 具有更快的收敛速度和更小的收敛误差。

Widrow[168]提出的 LMS 算法的传递函数仅仅是一个简单的延迟，Morgan[169]于 1980 年对其进行了推广。滤波 X - LMS 算法的完整形式是由 Burgess[170]在

1981 年提出的，其名称是由输入信号 $x(t)$ 在权值矩阵更新以前先经过通道函数 $H(z)$ 滤波而得名，其具有结构简单、对模型精度要求较低的优点，因此广泛应用于噪声消除和主动振动控制等领域。如 Bao 等[171]通过构建虚拟系统模型，提出基于最小化输出误差的 FXLMS 算法，将其应用于主动噪声控制系统中，次年他们对算法的快速收敛性进行了研究，给出了快速收敛 FXLMS 算法[172]；Morgan 等[173]针对纯延时二阶低通次级通道改进了 FXLMS 算法，并给出了稳定性分析；Saito 等[174]详细讨论了次级通道建模误差对 FXLMS 自适应算法的影响；Oh. JE 等[175]采用 FXLMS 算法对压电悬臂梁的振动控制进行了实验研究；Douglas[176]给出了多通道 FXLMS 快速算法，并将其应用到主动噪声控制系统中；Qiu 等[177]给出了周期噪声情况下的一种次级通道在线辨识的改进 FXLMS 算法；孙木楠[178]针对噪声与振动主动控制中的 X–LMS 算法，提出一种更具有鲁棒性的滤波 – MLMS 算法；Kang 等[179]采用 FXLMS 控制算法研究了单自由度主动磁浮轴承控制；Gupta 等[180]采用 TMS320C32 实现了离线次级通道辨识 FXLMS 算法，将其应用在振动控制系统中；Das 等[181]使用快速傅里叶变换及快速 Hartley 变换简化了 FXLMS 算法的计算复杂度；Carnahan 等[182]研究了次级通道及参考信号选取对 FXLMS 算法的性能影响；李嘉全等[183]研究了通过次级通道阻尼补偿提高滤波 X–LMS 算法性能的实现方法，提出了一种自适应前馈等效阻尼补偿方案；梁青等[184]针对自行研制的磁悬浮隔振器进行自适应前馈控制，设计了基于滤波 X–LMS 算法的控制律，并取得了良好的减振效果；Yang 等[185]基于 FXLMS 算法给出了随机振动的自适应逆控制方法；刘凯等[186]把基于滤波 X–LMS 算法的控制律在自行研制的磁悬浮隔振器上进行振动主动控制实验。该方法的技术优势在于其控制修正速率高、对非平稳响应适应能力强并能够较快地跟踪结构参数及外扰响应的变化，不足之处是通常假定干扰源可测且作为前馈控制器的参考输入，同时控制系统的稳定性和控制效果等也还没有比较完善的分析方法。

　　滤波 U–LMS 最小均方算法的完整形式由 Eriksson L. J. 于 1991 年提出[187]。由于基于 FIR 滤波器结构的 FXLMS 算法的传输函数是一个全零点的结构，其不考虑控制输出信号的反馈对参考信号的影响，而现实中这种影响却是需要考虑的因素。因此这种基于 IIR 结构的 FULMS 自适应控制算法，就显得更具有实用价值。Kim 等[188]首次将滤波 U–LMS 算法应用到管道噪声控制系统中，随后许多学者对其进行了深入的研究，分别将其应用到噪声振动控制各个领域内，并且取得了实践性的成绩[189–193]。在其算法进行实践性应用的同

时，有学者对其收敛性、稳定性等进行了分析，其中具有代表性的为：Wang
等[194]使用常微分方程方法给出了 FULMS 算法的渐进稳定条件；Mosquera
等[195]给出了 FULMS 收敛的一种正定条件；Fraanje 等[196]给出了噪声无法完全
消除情况下的 FULMS 算法收敛性分析。

1.3.3 压电智能结构自适应滤波振动控制的关键性问题

（1）控制系统计算复杂度问题

压电智能结构振动系统，往往具有很高的阶数，控制器的成本和复杂性随
着受控对象阶数的增高而增加，因此通常采用低阶模型来代替原受控对象的模
型，以减少设计计算量，简化控制器结构，并便于控制算法的实时实现。但这
种简化的模型有时因为阶次太低，又因系统存在一些非线性因素，所以很难达
到理想的控制效果，如增加简化模型的阶数，有时会遇到控制理论的"维数
灾难"。如果再考虑非线性因素，计算量更大，若用系统辨识技术建模，考虑
到系统参数变化，要进行在线实时辨识和控制，对在线计算机的速度和存储要
求过高，不易实现。因此，怎样降低智能压电结构振动主动控制系统的计算复
杂度成为自适应振动控制系统中的关键问题之一。

（2）参考信号自提取的自适应控制方法与实现技术

自适应滤波控制方法的核心是自适应算法，且算法结构一般基于有限脉冲
响应滤波器作为控制器，构成的滤波 X – LMS 自适应算法，该算法具有收敛性
好、计算量小、跟踪能力强的特点，但该算法面向工程实用化时有一个致命的
缺陷，即算法过程需要预知与外激扰信号相关的参考信号；然而在大多实际的
智能结构振动系统中，一般情况下很难预知外激扰信号并作为参考信号进入控
制器算法进程，由此导致常规滤波 X – LMS 控制算法在实际适用性和实用性上
存在重大缺陷。针对这一问题，已有学者在 FXLMS 算法结构基础上，提出了
各种各样的改进算法，其中具有代表性的是滤波 U 型最小均方差算法和滤波 E
型最小均方差算法，但上述算法实际使用过程中依然存在一定的局限性，如由
于控制器模型的复杂度而导致的实时控制问题，系统稳定性和收敛性问题，参
考信号传感器的测量精度问题等。因此，怎样实现参考信号自提取成为自适应
滤波控制系统中的关键问题之一。

（3）控制通道模型自适应在线建模方法与实现技术

在自适应滤波振动控制算法的实施过程中，普遍存在一个获知控制通道模
型参数问题（所谓的控制通道模型就是从控制信号到误差信号之间的传递函

数，也常称为误差通道模型或次级通道模型），若控制通道模型建立不当或辨识误差过大，将严重影响振动主动控制效果甚至引起整个振动控制系统发散。当前针对控制通道模型参数辨识主要采用离线辨识策略，离线辨识策略具有实现简单和辨识结果可靠的优点，但它的主要不足在于实用性和适用性不强；其主要原因在于在实际的控制过程中，受控对象的物理特性和系统特性的是不断地变化的（即它们具有渐变性），致使离线辨识的结果不能很好地反映控制通道模型，有时偏差过大时，甚至导致整个控制系统不能收敛。为了自适应滤波算法进一步实用化，探索控制通道模型在线实时辨识方法与实现技术具有重要的意义，同时也是自适应滤波控制算法的关键问题之一。

1.4 本书的主要研究内容及章节分配

自适应滤波结构振动控制方法的技术优势在于其控制修正速率高、对非平稳响应适应能力强并能够较快地跟踪结构参数及外扰响应的变化。不足之处是通常假定干扰源可测且作为控制器的参考输入；在具体实现上也存在较多的问题，如多输入多输出控制方式和受控结构系统模型的在线辨识等问题；在控制系统的稳定性和控制效果分析方法上，也没有比较完善方案。本书结合压电智能结构振动控制研究现状和发展趋势，针对压电智能框架结构进行振动主动控制进行研究，在研究了滤波 – X 和滤波 – U 多通道自适应滤波控制算法及其控制器设计的基础上，重点进行参考信号直接提取和控制通道在线实时辨识的控制策略的研究，并对所涉及的算法进行了详细的理论推导、算法性能分析及性能对比，针对各种算法的优缺点和适用条件进行了归纳和总结，同时，构建实验模型结构对象和振动控制实验平台进行实验分析与验证。

本书共分为七章，主要章节编排如下：

第一章 针对压电智能结构振动控制的研究背景、发展现状及存在的关键性技术进行分析；进一步分析了自适应滤波振动主动控制发展现状和存在的关键性问题；最后概括介绍了本书的主要研究工作以及全书章节内容编排情况。

第二章 主要围绕压电智能结构的动力学分析进行研究，利用行波分析法着重分析了压电智能悬臂梁和 L 型压电智能框架结构的动力学建模方法。

第三章 针对压电智能结构中的压电传感器/作动器位置优化问题进行研究，研究了采用粒子群优化策略，进行传感器/作动器位置优化配置，建立了压电智能结构的实验模型，为后续章节进行振动控制算法实验验证提供了实验模型。

第四章　基于对主动控制策略的概述，介绍了自适应滤波器原理及其最小均方算法，详细介绍了收敛步长的选取原则，并为下面推导出具体实施的自适应滤波 LMS 算法做好理论基础。

第五章　基于振动主动控制的自适应滤波控制在不同情形下的要求，详细论述了 FELMS 算法的起源、具体形式，并进行了详细的算法推导和技术实现的控制框图设计，在此基础上对控制方法与相关算法进行了深入的 Matlab 仿真研究和分析，详细讨论了仿真实验效果并获得方法的实现特性。

第六章　从经典的自适应滤波 X–LMS 振动控制算法存在的问题出发，分别从参考信号自提取算法和控制通道在线辨识策略入手，针对自适应滤波 X–LMS 的进行改进算法研究，然后利用 Matlab 进行算法仿真实验。

第七章　在分析滤波 U–LMS 算法的基础上，进行改进滤波 U–LMS 控制算法的深入研究；同时，针对 LMS 算法的收敛性、快速性和稳定性进行了算法的性能分析；在以上理论分析的基础上，利用 Matlab 进行算法仿真实验。

第八章　搭建了结构振动控制系统的硬件实验平台和开发振动控制软件系统，分别针对所研究的结构振动自适应滤波控制方法及其实现算法进行实验验证，并对实验数据进行处理分析。

第九章　对本书研究工作进行了总结和展望。

1.5　本章小结

本章为全书的开篇，首先对研究课题的来源和意义进行了阐述，简要介绍了智能结构的概念和内涵，分析了压电智能材料结构振动的国内外研究现状，同时总结了压电智能结构振动控制系统的关键技术；在阐述自适应滤波算法基础上，详细分析了自适应滤波振动控制的发展现状及其在压电智能结构中的关键性问题；最后概括介绍了本书的主要研究工作以及全书章节内容的编排情况。通过本章的论述，可以对本书的主要研究工作和相关研究领域背景获得明晰的综合掌握，同时较为详细地了解本书所涉及的关键方法与技术，为进一步分析研究打下良好的基础。

第二章 压电智能结构动力学分析

2.1 引 言

本书的实验模型对象为一种模拟飞行器压电智能框架结构，由于该结构形状及其约束条件比较复杂，很难将它作为一个整体直接对其进行动力学分析。因而，本书将整个框架结构看成是由多个压电智能梁和压电智能 L 型结构单元组合而成的，将压电智能框架结构的动力学分析，转化为压电智能梁动力学分析和压电智能 L 型结构的动力学分析两部分。本章首先介绍压电传感作动原理，在此基础上采用行波法进行压电智能梁动力学分析，最后对 L 型结构进行动力分析，为后续章节做理论分析基础。

2.2 压电智能结构的动力学建模概况

目前针对压电智能结构的动力学建模方法大致有：解析法[197]、实验法[198]、等效法[199]、行波法[200,201]、有限元法[202,203]等。过去，有相当多的学者采用解析法压电智能结构模型，但它对结构不规则的几何形状和具有复杂的边界条件智能结构就很难建立模型；实验法对于检验分析模型的正确性和数据的精确性非常重要，通过实验可以直接得到从压电驱动到压电传感器频率响应曲线和各种时域曲线，直接反映压电智能结构的基本性质，为振动主动控制系统设计提供指导，并可以验证和修正解析模型；等效法将表面分布压电材料的智能结构等效为一种非均质变截面梁模型，在一定程度上简化了模型，但对于比较复杂的空间结构，这种建模方法有一定的局限性；行波法将结构振动视为弹性扰动在固体介质中的传播，形成结构行波动力学模型，它不仅可以直接给出结构的固有频率、振型和瞬态响应，还可以有效地研究结构系统能量传递的规律，它是目前结构振动控制领域比较有效的方法之一；有限元法是建立智能结构数值模型的有效方法，由于它在很大程度上依赖单元类型和求解方法，对于复杂的结构，必将带来巨大的计算量。

针对智能结构振动大致可以分为两大类，一类是它的振动可以由各个阶振动模态叠加而成，另一类是它的振动可以视为弹性扰动在固体介质中的传播。前一类是将驻波看作振型，即传统的结构动力学研究的方法；后一类为智能结构行波动力学建模方法。由于前一类方法忽视了扰动传播速度的有限性，导致在针对智能框架结构的致动力学特性分析时偏差较大。然而，有限元方法在很大程度上依赖于单元类型、单元尺寸和求解方法，在以振动控制为目的的结构动力学分析中，要保证一定的精度必定要以庞大的计算量为代价。由于结构振动的行波分析方法不仅能直接给出结构的固有频率、振型和瞬态响应，还可以有效地研究结构系统能传递的规律，因此行波分析法是智能结构振动主动控制领域最具有研究价值的方法之一。

2.3 压电传感作动原理

2.3.1 压电效应简介

压电效应是 Pierre Curie 和 Jacques Curie 于 1880 年发现的，当时仅限于单晶材料。20 世纪 40 年代中期，美国、苏联和日本各自独立发现了钛酸钡（$BaTiO_3$）陶瓷的压电效应，发展了极化处理法，通过在高温下施加强电场而使随机取向的晶粒出现高度同相的变化，形成压电陶瓷。压电陶瓷和压电单晶相比具有很多优点，如它制备容易；可制成任意形状和极化方向的产品；耐热；耐湿；且通过改变化学成分，可得到适用于各种目的的材料。50 年代中期，在研究氧八面体结构特征和离子置换改性的基础上，美国 B. Jaffe 发现了锆钛酸铅（PZT）固溶体，它的机电耦合系数、压电常数、机械品质因素和稳定性等与钛酸钡陶瓷相比都有较大改善。因此它一出现，就在压电应用领域逐步取代了钛酸钡陶瓷，并促进了新型压电材料和器件的发展。1965 年，日本的大内宏在 PZT 陶瓷中掺入铌镁酸铅，制成三元系压电陶瓷（PCM），其性能更优越，并易于烧结。目前利用材料复合技术已研制出多种压电复合材料，它们的压电性能比单向压电陶瓷提高许多倍，并且出现了很多新的功能，扩大了压电材料的应用范围[204,205]。

压电陶瓷是人工制造的多晶体材料[206]，它由无数细微的电畴组成，这些电畴是自发极化的小区域，自发极化方向完全是任意排列的，在无外电场情况下，电畴的极化效应被互相抵消，它并不具有压电性能。为了使压电陶瓷具有压电性能，必须进行极化处理，使原来紊乱取向的电畴方向趋向于电场方向。当压电陶瓷在外力及外电场作用下，电畴发生变化，剩余极化强度随之变化，而呈现正、逆压电效应，也就是说压电弹性体的机械效应与电效应是互相转化的，即它同时具有力学量和电学量，其转化关系如图 2 - 3 - 1 所示。

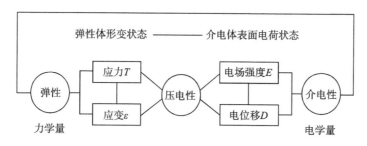

图 2 - 3 - 1　压电材料力 - 电转换的压电关系

当对压电元件施加外力作用使其产生机械变形时，就会引起它内部正负电荷中心发生相对移动而产生电的极化，从而导致元件两个表面出现极性相反的束缚电荷，电荷密度的大小与外力成正比，这种现象称为正压电效应。正压电效应反映了压电材料具有将机械能转变为电能的功能。检测出压电元件上的电荷变换就可以得知元件或元件埋入处的结构的变形量，因此利用正压电效应，可以将压电材料制成传感元件。

如果在压电元件的两个表面上施加电压，由于电场的作用，造成压电元件内部正负电荷中心的相对位移，导致压电元件的变形，这种现象称为逆压电效应。逆压电效应反映了压电材料具有将电能转变为机械能的能力。利用逆压电效应，可以将压电材料制成驱动元件，将压电元件埋入结构中，可以使结构变形或改变应力状态。

由于 PZT 是一种常用的、性能优异的压电材料，所以在智能结构研究中得到了广泛应用[207]。PZT 材料作为智能结构中的传感器，具有较高的灵敏度和适用性，可用来测量应变、压力、振动等多种信号；而作为驱动材料，PZT 能提供较大的作用力和形变，适用于改变结构阻尼特性、降低振动和噪声、改善结构应力分布以及结构变形控制等场合。PZT 材料缺点是脆性较大、耐冲击能力差、抗拉强度较低，不太适于恶劣机械条件下工作。此外，压电陶瓷材料与智能结构基体材料的结合也有一定的困难，目前较多采用表面粘贴的方案[208]。

2.3.2 压电动力学方程

一块不受外力作用的压电材料，在外电场的作用下，它的电行为可以用电场强度 E 和电位移 D（或极化强度）来描述，它们之间的关系为：

$$\begin{bmatrix} D_1 \\ D_2 \\ D_3 \end{bmatrix} = \begin{bmatrix} R_{11} & R_{12} & R_{13} \\ R_{21} & R_{22} & R_{23} \\ R_{31} & R_{32} & R_{33} \end{bmatrix} \cdot \begin{bmatrix} E_1 \\ E_2 \\ E_3 \end{bmatrix} \qquad (2-3-1)$$

用张量分量式可表示为：

$$D_i = R_{ij}E_i \qquad (i, j = 1, 2, 3) \qquad (2-3-2)$$

式中 R_{ij} 称为介电常数，第一个下标表示电位移分量的方向；第二个下标表示电场强度分量的方向。它的独立分量还受晶体结构的对称性的制约，对于已极化的压电陶瓷只有 $R_{11} = R_{22} = R_{33}$。

也可采用电场强度 E 和电应变 ε 来描述它的电行为，它们之间的关系为：

$$\begin{bmatrix} \varepsilon_1 \\ \varepsilon_2 \\ \varepsilon_3 \\ \varepsilon_4 \\ \varepsilon_5 \\ \varepsilon_6 \end{bmatrix} = \begin{bmatrix} d_{11} & d_{12} & d_{13} \\ d_{21} & d_{22} & d_{23} \\ d_{31} & d_{32} & d_{33} \\ d_{41} & d_{42} & d_{43} \\ d_{51} & d_{52} & d_{53} \\ d_{61} & d_{62} & d_{63} \end{bmatrix} \cdot \begin{bmatrix} E_1 \\ E_2 \\ E_3 \end{bmatrix} \qquad (2-3-3)$$

用张量分量式表示为：

$$\varepsilon_i = d_{ij}E_j \qquad (i = 1, 2, 3, 4, 5, 6; j = 1, 2, 3) \qquad (2-3-4)$$

式中 d_{ij} 称为压电应变常数，第一个下标表示电场方向，第二个下标表示应变方向。根据压电材料的对称性，对于极化后的压电陶瓷，它的压电应变常数矩阵为：

$$d = \begin{bmatrix} 0 & 0 & 0 & 0 & d_{15} & 0 \\ 0 & 0 & 0 & d_{24} & 0 & 0 \\ d_{31} & d_{32} & d_{33} & 0 & 0 & 0 \end{bmatrix}^{\mathrm{T}} \qquad (2-3-5)$$

由于 $d_{31} = d_{32}$，$d_{15} = d_{24}$，因此只有 d_{33}，d_{31}，d_{15} 三个分量。

压电材料的力学行为，即它们的应力 σ 和应变 ε 之间的关系为：

$$\begin{bmatrix} \varepsilon_1 \\ \varepsilon_2 \\ \varepsilon_3 \\ \varepsilon_4 \\ \varepsilon_5 \\ \varepsilon_6 \end{bmatrix} = \begin{bmatrix} C_{11} & C_{12} & C_{13} & C_{14} & C_{15} & C_{16} \\ C_{21} & C_{22} & C_{23} & C_{24} & C_{25} & C_{26} \\ C_{31} & C_{32} & C_{33} & C_{34} & C_{35} & C_{36} \\ C_{41} & C_{42} & C_{43} & C_{44} & C_{45} & C_{46} \\ C_{51} & C_{52} & C_{53} & C_{54} & C_{55} & C_{56} \\ C_{61} & C_{62} & C_{63} & C_{64} & C_{65} & C_{66} \end{bmatrix} \cdot \begin{bmatrix} \sigma_1 \\ \sigma_2 \\ \sigma_3 \\ \sigma_4 \\ \sigma_5 \\ \sigma_6 \end{bmatrix} \qquad (2-3-6)$$

式中的下标说明沿坐标的轴向，数字 1，2，3 分别与坐标 X，Y，Z 对应，见图 2 - 3 - 2。

$$\varepsilon_1 = \varepsilon_X, \ \varepsilon_2 = \varepsilon_Y, \ \varepsilon_3 = \varepsilon_Z, \ \varepsilon_4 = \varepsilon_{XY}, \ \varepsilon_5 = \varepsilon_{YZ}, \ \varepsilon_6 = \varepsilon_{ZX}$$

$$\sigma_1 = \sigma_X, \ \sigma_2 = \sigma_Y, \ \sigma_3 = \sigma_Z, \ \sigma_4 = \sigma_{XY}, \ \sigma_5 = \sigma_{YZ}, \ \sigma_6 = \sigma_{ZX}$$

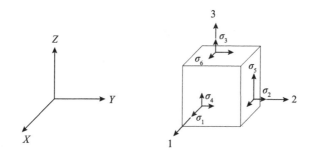

图 2 - 3 - 2　压电坐标和应力分量示意

用张量分量表示为：

$$\varepsilon_i = C_{iu}\sigma_u \qquad (i, \ u = 1, \ 2, \ 3, \ 4, \ 5, \ 6) \qquad (2-3-7)$$

式中 C_{iu} 称为弹性柔顺系数，由于 $C_{ij} = C_{ji}$，因此 C_{iu} 只有 21 个独立分量。同时还受到压电材料对称性的制约，对于三斜晶系，21 个分量是独立的；对于各相同性材料，只有 C_{11} 和 C_{12}。

下面建立压电材料电行为与力行为之间的联系，即压电方程。首先取应力 σ 和电场强度 E 为自变量，这时由式（2-3-4）和式（2-3-7）建立起压电方程：

$$\varepsilon_i = C_{iu}^E \sigma_u + d_{j\lambda} E_j \qquad (2-3-8)$$

上式的意义是压电材料的应变是由于它承受应力和电场两部分影响组成。式中 $C_{iu}^E \sigma_u$ 表示电场强度为零（或常数）时应力对应变的影响；$d_{j\lambda} E_j$ 是电场强度对应变的影响。C_{iu}^E 表示电场强度为零（或常数）时的弹性柔顺系数，单位是 m^2/N。

同样情况，电位移 D 也由应力和电场强度两部分影响组成，即

$$D_i = d_{iu} \sigma_u + R_{ij}^\sigma E_j \qquad (2-3-9)$$

式中 $R_{ij}^\sigma E_j$ 是在应力为零时，电场强度影响造成的电位移；$d_{iu} \sigma_u$ 是应力造成的电位移。R_{ij}^σ 为应力为零（或常数）时的介电常数，单位为 F/m。

为了适应不同的边界条件，就出现了不同自变量的压电方程表达式。常用下列四类表达式：

（1）取应力 σ_u （$u=1$，2，3，4，5）和电场强度 E_j （$j=1$，2，3）为自变量的压电方程表达式：

$$\varepsilon_i = C_{iu}^E \sigma_u + d_{j\lambda} E_j \qquad (2-3-10)$$

$$D_i = d_{iu} \sigma_u + R_{ij}^\sigma E_j \qquad (2-3-11)$$

式 $C_{iu}^E \sigma_u$ 和 R_{ij}^σ 上述已经给出，$d_{j\lambda}$ 为压电应变常数，当应力恒定时，它为电场强度所产生的应变变化与电场强度变化之比，即 $d_{j\lambda} = (\partial \varepsilon / \partial E)_\sigma$；当电场恒定时，它为应力变化所产生的电位移变化和应力变化之比，即 $d_{j\lambda} = (\partial D / \partial \sigma)_E$；其中 λ 取值为1，2，3，4，5，6；i 取值为1，2，3。

（2）取应变 ε_u （$u=1$，2，3，4，5，6）和电场强度 E_j （$j=1$，2，3）为自变量，压电方程表达式为：

$$\sigma_\lambda = -e_{j\lambda} E_j + S_{\lambda u}^E \varepsilon_u \qquad (2-3-12)$$

$$D_i = R_{ij}^\varepsilon + e_{iu} \varepsilon_u \qquad (2-3-13)$$

e_{iu} 为三阶张量压电应力常数，其单位 F/m^2 或 $N/V \cdot m$。当应变恒定时，它为电场强度变化所产生的应力变化与电场强度变化成正比，即 $e_{iu} =$

$(\partial\sigma/\partial E)_\varepsilon$，当电场强度恒定时，它为应变变化所产生的电位移变化与应变变化之比，即 $e_{iu} = (\partial D/\partial\varepsilon)_E$；$R_{ij}^\varepsilon$ 为应变为零（或常数）时的介电常数，称为受夹介电常数；$S_{\lambda u}^E$——电场强度为零（或常数）时的弹性刚度常数；其中 λ 取值为 1，2，3，4，5，6；i 取值为 1，2，3。

（3）取应力 σ_u（$u = 1$，2，3，4，5，6）及电位移 D_j（$j = 1$，2，3）为自变量，压电方程表达式为：

$$\varepsilon_\lambda = g_{j\lambda}D_j + C_{\lambda u}^D\sigma_u \qquad (2-3-14)$$

$$E_i = \beta_{ij}^\sigma + g_{iu}\sigma_u \qquad (2-3-15)$$

式中 $g_{j\lambda}$ 为三阶张量压电电压常数，其单位为 m²/K 或 V·m/N。当电位移恒定时，它为应力变化所产生的电场强度变化与应力变化之比，即 $g_{j\lambda} = (-\partial E/\partial\sigma)_D$；或当应力恒定时，电位移变化所产生的应变变化与电位移变化之比，即 $g_{j\lambda} = (\partial\varepsilon/\partial D)_\sigma$；$\beta_{ij}^\sigma$ 为应力 σ 为零（或常数）时介电隔离率，称为自由介质隔离率；$C_{\lambda u}^D$ 为电位移为零（或常数）时的弹性柔顺常数，称为开路弹性柔顺常数；其中 λ 取值为 1，2，3，4，5，6；i 取值为 1，2，3。

（4）取应变 ε_u（$u = 1$，2，3，4，5，6）和电位移 D_j（$j = 1$，2，3）为自变量，则压电方程表达式为：

$$\sigma_\lambda = -h_{j\lambda}D_j + S_{\lambda u}^D\varepsilon_u \qquad (2-3-16)$$

$$E_i = \beta_{ij}^\varepsilon + h_{iu}\varepsilon_u \qquad (2-3-17)$$

式中 $h_{j\lambda}$ 为三阶张量压电劲度常数，其单位为 N/F 或 V/m。当应变恒定时，它为电位移变化所产生的应力变化与电位移变化之比，即 $h_{j\lambda} = (\partial\sigma/\partial D)_\varepsilon$；或当电位移恒定时，它为应变变化所产生的电场强度变化与应变变化之比，即 $h_{j\lambda} = (-\partial E/\partial\varepsilon)_D$；$S_{\lambda u}^D$ 为电位移 D 为零（或常数）的弹性刚度常数，称为开路弹性刚度常数；β_{ij}^ε 为应变 ε 为零（或常数）的介质隔离率，称为受夹介质隔离率。其中 λ 取值为 1，2，3，4，5，6；i 取值为 1，2，3。

上述四种压电方程适用于不同的边界条件及其特点归纳为详表 2-3-1 所示。

表 2 – 3 – 1　四种压电方程适用的边界条件及其特点

类型	边界条件	自变量	因变量	主要压电常数
1（d 型）	机械自由 $\sigma = 0$	应力 σ_λ	应变 ε_λ	d_{iu}
	电学短路 $E = 0$	电场强度 E_j	电位移 D_j	
2（e 型）	机械夹紧 $\varepsilon = 0$	应变 ε_u	应力 σ_u	e_{iu}
	电学短路 $E = 0$	电场强度 E_j	电位移 D_j	
3（g 型）	机械自由 $\sigma = 0$	应力 σ_u	应变 ε_λ	g_{iu}
	电学开路	电位移 D_j	电场强度 E_j	
4（h 型）	机械夹紧 $\varepsilon = 0$	应变 ε_u	应力 σ_u	h_{iu}
	电学开路	电位移 D_j	电场强度 E_j	

2.4　压电智能梁的动力学

2.4.1　外力激励下波的传播

图 2 – 4 – 1 为外力和外力矩激励下波的传播模型，$x = 0$ 为激励点处坐标，$\overline{Q}$ 为周期力，$\overline{M}$ 为力矩，a^+、a^-、b^+、b^- 分别为激励点左右两端的入射波和反射波，设 γ_1、γ_2 分别为 a^+、b^- 的反射矩阵。

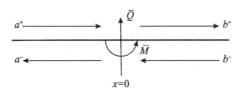

图 2 – 4 – 1　外力和外力矩激励下波的传播

$$a^- = \gamma_1 a^+ \qquad (2 – 4 – 1)$$
$$b^+ = \gamma_2 b^- \qquad (2 – 4 – 2)$$

其中，

$$a^+ = \begin{Bmatrix} a_1^+ \\ a_2^+ \end{Bmatrix},\ a^- = \begin{Bmatrix} a_1^- \\ a_2^- \end{Bmatrix},\ b^+ = \begin{Bmatrix} b_1^+ \\ b_2^+ \end{Bmatrix},\ b^- = \begin{Bmatrix} b_1^- \\ b_2^- \end{Bmatrix}$$

分别用 y_-、y_+ 和 ψ_-、ψ_+ 表示激励点左边和右边的横向位移和弯曲转角，则

$$y_- = a_1^+ e^{-ik_1x} + a_2^+ e^{-k_2x} + a_1^- e^{ik_1x} + a_2^- e^{k_2x} \tag{2-4-3a}$$

$$y_+ = b_1^+ e^{-ik_1x} + b_2^+ e^{-k_2x} + b_1^- e^{ik_1x} + b_2^- e^{k_2x} \tag{2-4-3b}$$

$$\psi_- = -iPa_1^+ e^{-ik_1x} - Na_2^+ e^{-k_2x} + iPa_1^- e^{ik_1x} + Na_2^- e^{k_2x} \tag{2-4-3c}$$

$$\psi_+ = -iPb_1^+ e^{-ik_1x} - Nb_2^+ e^{-k_2x} + iPb_1^- e^{ik_1x} + Nb_2^- e^{k_2x} \tag{2-4-3d}$$

需满足以下两个条件，激励点处的才能保证连续。

（1）激励点处的横向位移相等，即 $y_- = y_+$；

（2）激励点处的弯曲转角相等，$\psi_- = \psi_+$；

若忽略移动和转动的耦合，激励点处的力平衡条件满足如下：

$$\overline{Q} = GA\kappa\left[\left(\frac{\partial y_-}{\partial x} - \psi_-\right) - \left(\frac{\partial y_+}{\partial x} - \psi_+\right)\right] \tag{2-4-4a}$$

$$\overline{M} = EI\left(\frac{\partial \psi_-}{\partial x} - \frac{\partial \psi_+}{\partial x}\right) \tag{2-4-4b}$$

将式（2-4-3）代入式（2-4-4），得到：

$$\gamma_1 b^+ + \gamma_2 b^- - \gamma_1 a^+ - \gamma_2 a^- = 0 \tag{2-4-5a}$$

$$\beta_1 b^+ + \beta_2 b^- - \beta_1 a^+ - \beta_2 a^- = \beta_3 \tag{2-4-5b}$$

其中：

$$a^+ = \begin{Bmatrix} a_1^+ \\ a_2^+ \end{Bmatrix}, \ a^- = \begin{Bmatrix} a_1^- \\ a_2^- \end{Bmatrix}, \ b^+ = \begin{Bmatrix} b_1^+ \\ b_2^+ \end{Bmatrix}, \ b^- = \begin{Bmatrix} b_1^- \\ b_2^- \end{Bmatrix}, \ \gamma_1 = \begin{bmatrix} 1 & 1 \\ iP & N \end{bmatrix},$$

$$\gamma_2 = \begin{bmatrix} 1 & 1 \\ -iP & -N \end{bmatrix}, \ \beta_1 = \begin{bmatrix} ik_1 - iP & k_2 - N \\ k_1P & -k_2N \end{bmatrix},$$

$$\beta_2 = \begin{bmatrix} -ik_1 + iP & -k_2 + N \\ k_1P & -k_2N \end{bmatrix}, \ \beta_3 = \begin{bmatrix} \dfrac{\overline{Q}}{GA\kappa} \\ \dfrac{\overline{M}}{EI} \end{bmatrix}$$

由式（2-4-5）可以得到：

$$b^+ - a^+ = (\beta_1 - \beta_2\gamma_2^{-1}\gamma_1)^{-1}\beta_3 \tag{2-4-6a}$$

$$a^- - b^- = -\gamma_2^{-1}\gamma_1(\beta_1 - \beta_2\gamma_2^{-1}\gamma_1)^{-1}\beta_3 \tag{2-4-6b}$$

2.4.2　均质梁的强迫振动响应

如图 2-4-2 所示的均质悬臂梁结构，点 B 处受周期力 $\overline{Q}$ 和弯力矩 $\overline{M}$ 作用，B 点将悬臂梁分成 L1 和 L2 两个区域，点 B 左右两端的入射波和反射波分别表示为 b_1^+、b_1^-、b_2^+、b_2^-，它们与激励周期力 $\overline{Q}$、弯力矩 $\overline{M}$ 及其梁本身的固有特性有关，b_1^+ 和 b_1^- 的关系可以由区域 1 中的边界 A 处入射波和反射波经过波的传播得到，同理，b_2^+ 和 b_2^- 的关系可以由区域 2 中的边界 C 处入射波和反射波经过波的传播得到。由此，其强迫振动响应可由波的传播矩阵来描述。

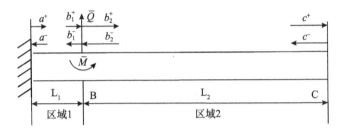

图 2-4-2　均质悬臂梁的强迫振动模型

在边界 A 和 C 处，存在下列关系：

$$a^+ = \gamma_A a^- \qquad\qquad (2-4-7a)$$

$$c^- = \gamma_C c^+ \qquad\qquad (2-4-7b)$$

其中，γ_A 和 γ_C 分别为边界处的反射矩阵。

由波在结构中的传播关系可得：

$$b_1^+ = f(L_1) a^+ \qquad\qquad (2-4-8a)$$

$$a^- = f(L_1) b_1^- \qquad\qquad (2-4-8b)$$

$$c^+ = f(L_2) b_2^+ \qquad\qquad (2-4-8c)$$

$$b_2^- = f(L_2) c^- \qquad\qquad (2-4-8d)$$

其中 $f(L_1)$ 和 $f(L_2)$ 分别为区域 1 和区域 2 中波的传播矩阵。为了公式尽量简化，设点 B 两端入射波和反射波之间的反射矩阵为 P_1 和 P_2，即：

$$b_1^+ = P_1 b_1^- \qquad\qquad (2-4-9a)$$

$$b_2^- = P_2 b_2^+ \qquad\qquad (2-4-9b)$$

由式（2-4-7）、（2-4-8）、（2-4-9）式可得：

$$P_1 = f(L_1)\gamma_A f(L_1) \qquad (2-4-10a)$$

$$P_2 = f(L_2)\gamma_C f(L_2) \qquad (2-4-10b)$$

令 $\delta_1 = b_2^+ - b_1^+$，$\delta_2 = b_1^- - b_2^-$，δ_1 和 δ_2 可以由（2-4-6）得到，将其代入式（2-4-9）和式（2-4-10）联立得，B 点两端的入射波和反射波的波幅系数的表达式为：

$$b_1^+ = P_1(P_2^{-1} - P_1)^{-1}(\delta_1 + P_2^{-1}\delta_2) \qquad (2-4-11a)$$

$$b_2^+ = P(P_2^{-1} - P_1)^{-1}(\delta_1 + P_2^{-1}\delta_2) \qquad (2-4-11b)$$

$$b_1^- = (P_2^{-1} - P_1)^{-1}(\delta_1 + P_2^{-1}\delta_2) \qquad (2-4-11c)$$

$$b_2^- = (P_2^{-1} - P_1)^{-1}(\delta_1 + P_2\delta_2) \qquad (2-4-11d)$$

由上述结论可得到悬臂梁上任一点的响应，如区域 1 内距离激励点 B 为 x 的点的响应为：

$$y_-(x) = \begin{bmatrix} 1 & 1 \end{bmatrix} f(x)b_1^- + \begin{bmatrix} 1 & 1 \end{bmatrix} f(-x)b_1^+ \qquad (2-4-12)$$

同理，区域 2 内距离激励点 B 为 x 的点的响应为：

$$y_+(x) = \begin{bmatrix} 1 & 1 \end{bmatrix} f(x)b_2^+ + \begin{bmatrix} 1 & 1 \end{bmatrix} f(-x)b_2^- \qquad (2-4-13)$$

2.4.3 等效弹性模量理论

智能结构是指主体结构表面或内部安装智能传感器和作动器，在其运行期间能按照外界环境的需要实时调整，实现给定功能的系统结构。由于压电智能材料具备传感和驱动的双重特性，被广泛应用于振动智能结构中。将压电材料粘贴在均质悬臂梁上，构成压电智能悬臂梁。

对于表面粘贴压电材料的智能梁结构来讲，将粘贴压电材料段简化为均匀的弹性材料，利用"体积平均应变"和"体积平均应力"得到该段"有效弹性系数"，这种依据平均意义上的分析方法，在实际工程中是适用的，因为对于工程问题，大多数仅需要描述"宏观"上的力学现象。这个"宏观"的特征尺寸往往比微小的弹性体积尺寸大得多，因此所求出的平均应力和应变解，对大多数工程问题来说已足够精确。

为了使分析简化，一般采用如下基本假设：

（1）压电片和基体梁之间粘贴牢固，无相对位移；

（2）上下压电材料的横截面和尺寸为大小相同的矩形；

（3）压电材料和基体内部的应力和应变均匀分布，均服从胡克定律。

2.4.4　压电智能梁的强迫振动响应

图中 B 点为激励点，由于 B 点在压电片上，设 AB 段和 BC 段长度分别为 L_{11} 和 L_{12}，其图中各波幅系数之间的关系为：

$$a^+ = \gamma_A a^-, b_1^+ = f(L_{11}) a^+, c_2^+ = f(L_{12}) b_2^+, d^+ = f(L_2) c_3^+, d^- = \gamma_D d^+,$$

$$c_3^- = f(L_2) d^-, b_2^- = f(L_{12}) c_2^-, a^- = f(L_{11}) b_1^-, c_3^+ = \kappa_{12} c_2^+ + \kappa_{22} c_3^-,$$

$$c_2^- = \kappa_{21} c_3^- + \kappa_{11} c_2^+ \qquad\qquad (2-4-14)$$

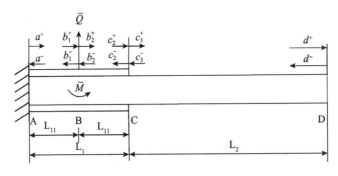

图 2 - 4 - 3　压电智能梁的强迫振动模型

其中，κ_{11}、κ_{12}、κ_{21} 和 κ_{22} 分别为变截面 C 处左右两端的反射矩阵和透射矩阵。

C 点处各波幅关系数之间联系为：

$$b_1^+ = \psi_1 b_1^- \qquad\qquad b_2^- = \psi_2 b_2^+ \qquad\qquad (2-4-15)$$

其中：

$$\psi_1 = f[L_1] \gamma_A f[L_1]$$

$$\psi_2 = f[L_{12}] \kappa_{11} f[L_{12}] + f[L_{12}] \kappa_{21} f[L_2] \gamma_D f[L_2]$$

$$(I - \kappa_{22} f[L_2] \gamma_D f[L_2])^{-1} \kappa_{21} f(L_{12})$$

将式（2-4-6）、（2-4-11）、（2-4-15）联立可得到 b_1^+、b_1^-、b_2^+、b_2^-，则根据式（2-4-12）、（2-4-13）可以求出压电智能梁上任一点的响应。例如，CD 段内距离 C 点为 x 的一点的响应为：

$$y(x) = \begin{bmatrix} 1 & 1 \end{bmatrix} f(x) c_3^- + \begin{bmatrix} 1 & 1 \end{bmatrix} f(-x) c_3^+ \qquad (2-4-16)$$

其中 c_3^+ 和 c_3^- 可由式（2-4-15）得出，即

$$c_3^+ = (I - \kappa_{22} f(L_2) \gamma_B f(L_2))^{-1} \kappa_{12} f(L_{12}) b_2^+ \qquad (2-4-17)$$

$$c_3^- = \kappa_{21}^{-1} f(L_{12})^{-1} b_2^- - \kappa_{21}^{-1} f(L_{12}) b_2^+ \qquad (2-4-18)$$

事实上，也可将式（2-4-7）、（2-4-14）写成矩阵形式

$$\begin{bmatrix} -I & \gamma_A & 0 & 0 & 0 & 0 & 0 & 0 & 0 & 0 & 0 & 0 \\ f(L_{11}) & 0 & -I & 0 & 0 & 0 & 0 & 0 & 0 & 0 & 0 & 0 \\ 0 & -I & 0 & f(L_{11}) & 0 & 0 & 0 & 0 & 0 & 0 & 0 & 0 \\ 0 & 0 & 0 & 0 & f(L_{12}) & 0 & -I & 0 & 0 & 0 & 0 & 0 \\ 0 & 0 & 0 & 0 & 0 & -I & 0 & f(L_{12}) & 0 & 0 & 0 & 0 \\ 0 & 0 & 0 & 0 & 0 & 0 & f(L_2) & 0 & -I & 0 & 0 & 0 \\ 0 & 0 & 0 & 0 & 0 & 0 & 0 & 0 & -I & 0 & f(L_2) & 0 \\ 0 & 0 & 0 & 0 & 0 & 0 & 0 & 0 & 0 & \gamma_D & -I & 0 \\ 0 & 0 & 0 & 0 & 0 & 0 & \kappa_{12} & 0 & -I & \kappa_{22} & 0 & 0 \\ 0 & 0 & 0 & 0 & 0 & 0 & \kappa_{11} & -I & 0 & \kappa_{21} & 0 & 0 \\ 0 & 0 & -I & 0 & I & 0 & 0 & 0 & 0 & 0 & 0 & 0 \\ 0 & 0 & 0 & I & 0 & -I & 0 & 0 & 0 & 0 & 0 & 0 \end{bmatrix} \begin{bmatrix} a^+ \\ a^- \\ b_1^+ \\ b_1^- \\ b_2^+ \\ b_2^- \\ c_2^+ \\ c_2^- \\ c_3^+ \\ c_3^- \\ d^+ \\ d^- \end{bmatrix} = \begin{bmatrix} 0 \\ 0 \\ 0 \\ 0 \\ 0 \\ 0 \\ 0 \\ 0 \\ 0 \\ 0 \\ \delta_1 \\ \delta_2 \end{bmatrix}$$

上式可以看成一组线性方程组，对其进行求解即可得到 c_3^+ 和 c_3^-，对于比较复杂的结构模型，由于波幅系数比较多，因此采用上式方法会大大简化计算量。

2.5 压电智能框架结构的动力学

2.5.1 L型框架振动响应

考虑在一段均质梁中相距为 x 的两点 A 和 B，不同波数的纵波和横向波从 A 点传播到 B 点。A、B 两点的正负波向量分别用 a^+、a^- 和 b^+、b^- 表示，它们之间有如下关系：

$$a^- = f(x) b^-, \quad b^+ = f(x) a^+ \qquad (2-5-1)$$

其中

$$a^+ = \begin{Bmatrix} a_1^+ \\ a_2^+ \\ c^+ \end{Bmatrix}, \quad a^- = \begin{Bmatrix} a_1^- \\ a_2^- \\ c^- \end{Bmatrix}, \quad b^+ = \begin{Bmatrix} b_1^+ \\ b_2^+ \\ d^+ \end{Bmatrix}, \quad b^- = \begin{Bmatrix} b_1^- \\ b_2^- \\ d^- \end{Bmatrix} \qquad (2-5-2)$$

其中，$a_1^{\pm}$、$a_2^{\pm}$ 为 A 点横向波的波幅系数，$b_1^{\pm}$、$b_2^{\pm}$ 为 B 点横向波的波幅系数，$c^{\pm}$ 为 A 点纵波的波幅系数，$d^{\pm}$ 为 B 点纵波的波幅系数。

其传递矩阵为：

$$f(x) = \begin{bmatrix} e^{-ik_1 x} & 0 & 0 \\ 0 & e^{-k_2 x} & 0 \\ 0 & 0 & e^{-ik_3 x} \end{bmatrix} \qquad (2-5-3)$$

其中 k_1、k_2 为横向波的波数，k_3 为纵波的波数。

横向波和纵波耦合时，对 L 型框架边界处的反射矩阵进行推导时，梁中任一截面上的剪力、弯矩和轴向力计算公式为：

$$V = GA\kappa\left(\frac{\partial y}{\partial x} - \psi\right), \quad M = EI\frac{\partial \psi}{\partial x}, \quad F = EA\frac{\partial u}{\partial x} \qquad (2-5-4)$$

其中

$$y(x) = a_1^+ e^{-ik_1 x} + a_2^+ e^{-k_2 x} + a_1^- e^{ik_1 x} + a_2^- e^{k_2 x} \qquad (2-5-5a)$$

$$\psi(x) = \overline{a_1^+} e^{-ik_1 x} + \overline{a_2^+} e^{-k_2 x} + \overline{a_1^-} e^{ik_1 x} + \overline{a_2^-} e^{k_2 x} \qquad (2-5-5b)$$

$$u(x) = c^+ e^{-ik_3 x} + c^- e^{ik_3 x} \qquad (2-5-5c)$$

根据边界条件求得不同端面处的反射矩阵分别为：

$$r_s = \begin{bmatrix} -1 & 0 & 0 \\ 0 & -1 & 0 \\ 0 & 0 & -1 \end{bmatrix} \qquad (2-5-6)$$

$$r_c = \begin{bmatrix} \dfrac{P-iN}{P+iN} & \dfrac{-2iN}{P+iN} & 0 \\[3mm] \dfrac{-2P}{P+iN} & -\dfrac{P-iN}{P+iN} & 0 \\[3mm] 0 & 0 & -1 \end{bmatrix} \qquad (2-5-7)$$

$$r_f = \begin{bmatrix} \dfrac{-Pk_1(-N+k_2)+ik_2N(k_1-P)}{Pk_1(-N+k_2)+ik_2N(k_1-P)} & \dfrac{2Nk_2(-N+k_2)}{Pk_2(-N+k_2)+ik_2N(k_1-P)} & 0 \\[4mm] \dfrac{2iPk_1(-P+k_1)}{Pk_1(-N+k_2)+ik_2N(k_1-P)} & \dfrac{Pk_1(-N+k_2)-ik_2N(k_1-P)}{Pk_1(-N+k_2)+ik_2N(k_1-P)} & 0 \\[4mm] 0 & 0 & 1 \end{bmatrix}$$

$$(2-5-8)$$

其中，r_s、r_c 和 r_f 分别表示简支、固定和自由边界处波的反射矩阵。

用行波理论计算 L 型框架拐角处波的反射和透射矩阵时，将拐角看作一个单元体并考虑其几何尺寸对波反射和透射的影响。

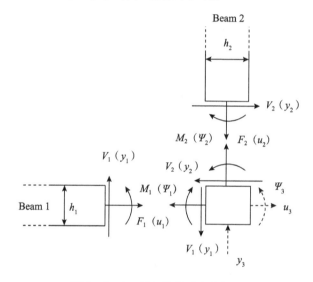

图 2 - 5 - 1　拐角处的受力分析图

图 2 - 5 - 1 所示为 L 型框架拐角处受力情况，两梁厚度分别为 h_1 和 h_2，该刚体质量为 m，其关于质心的转动惯量为 J，则拐角处质量块的平衡方程为：

$$\begin{cases} F_2 - V_1 = m\ddot{y}_J \\[2mm] -V_2 - F_1 = m\ddot{u}_J \\[2mm] M_2 - M_1 + V_1\dfrac{h_1}{2} + V_2\dfrac{h_2}{2} = J\ddot{\Psi}_J \end{cases} \qquad (2-5-9)$$

式中：F 为梁中的轴向内力；h 为梁的厚度；V 和 M 分别表示梁横截面上

的剪力和弯矩。下标1和2分别代表了两段梁模型。u_J、y_J和ψ_J表示拐角两个方向的位移和转角。

图2-5-2所示为L型框架拐角处波的散射模型，一组正向波由梁1入射并发生透射和反射。

拐角处的连续方程为：

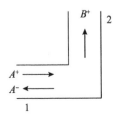

图2-5-2 平面右拐角处波的反射和透射

$$u_1 = u_J, \quad u_2 = y_J \qquad (2-5-10)$$

$$y_1 = y_J - \frac{h_1}{2}\psi_J, \quad y_2 = -u_J + \frac{h_2}{2}\psi_J \qquad (2-5-11)$$

$$\psi_1 = \psi_J, \quad \psi_2 = \psi_J \qquad (2-5-12)$$

假设波在拐角处的透射矩阵和反射矩阵分别为t_{12}和r_{11}，则：

$$B^+ = t_{12}A^+, \quad A^- = r_{11}A^+ \qquad (2-5-13)$$

其中

$$A^+ = \begin{Bmatrix} a^+ \\ a_N^+ \\ c^+ \end{Bmatrix}, \quad A^- = \begin{Bmatrix} a^- \\ a_N^- \\ c^- \end{Bmatrix}, \quad B^+ = \begin{Bmatrix} b^+ \\ b_N^+ \\ d^+ \end{Bmatrix} \qquad (2-5-14)$$

这里，$a^+(a_N^+)$、$a^-(a_N^-)$和$b^+(b_N^+)$分别表示横向弯曲波的入射、反射和透射，c^+、c^-和d^+分别表示纵波的入射、反射和透射。

假设梁1和梁2具有相同的尺寸和材料，则有：

$$y_1 = a^+ e^{-ik_1x_1} + a_N^+ e^{-k_2x_1} + a^- e^{ik_1x_1} + a_N^- e^{k_2x_1} \qquad (2-5-15a)$$

$$u_1 = c^+ e^{-ik_3x_1} + c^- e^{ik_3x_1} \qquad (2-5-15b)$$

$$\psi_1 = -iPa^+ e^{-ik_1x_1} - Na_N^+ e^{-k_2x_1} + iPa^- e^{ik_1x_1} + Na_N^- e^{k_2x_1} \qquad (2-5-15c)$$

$$y_2 = b^+ e^{-ik_1x_2} + b_N^+ e^{-k_2x_2} \qquad (2-5-15d)$$

$$u_2 = d^+ e^{-ik_3 x_2} \tag{2-5-15e}$$

$$\psi_2 = -iPb^+ e^{-ik_1 x_2} - Nb_N^+ e^{-k_2 x_2} \tag{2-5-15f}$$

其中，k_1、k_2 为梁中横向波的波数，k_3 为梁中纵波的波数。

将式（2-5-15）代入连续方程及质量块力平衡方程，可求得一组正向波从梁 1 传到梁 2 时的反射矩阵和透射矩阵分别为：

$$t_{12} = \left(\gamma_{21} - \gamma_{22}\gamma_{12}^{-1}\gamma_{11} \right)^{-1} \left(\gamma_{23} - \gamma_{22}\gamma_{12}^{-1}\gamma_{13} \right) \tag{2-5-16}$$

$$r_{11} = \left(\gamma_{22} - \gamma_{21}\gamma_{11}^{-1}\gamma_{12} \right)^{-1} \left(\gamma_{23} - \gamma_{21}\gamma_{11}^{-1}\gamma_{13} \right) \tag{2-5-17}$$

其中

$$\gamma_{11} = \begin{bmatrix} iP\dfrac{h}{2} & N\dfrac{h}{2} & 1 \\ -iP\dfrac{h}{2}-1 & -N\dfrac{h}{2}-1 & 0 \\ -iP & -N & 0 \end{bmatrix}, \gamma_{12} = \begin{bmatrix} -1 & -1 & 0 \\ 0 & 0 & -1 \\ -iP & -N & 0 \end{bmatrix}, \gamma_{13} = \begin{bmatrix} 1 & 1 & 0 \\ 0 & 0 & 1 \\ -iP & -N & 0 \end{bmatrix}$$

$$\gamma_{21} = \begin{bmatrix} 0 & 0 & -ik_3 EA + m\omega^2 \\ -iGA\kappa(k_1 - P) & -GA\kappa(k_2 - N) & 0 \\ -EIPk_1 + iGA\kappa\dfrac{h}{2}(-k_1 + P) - iPJ\omega^2 & EINk_2 + GA\kappa\dfrac{h}{2}(-k_2 + N) - JN\omega^2 & 0 \end{bmatrix}$$

$$r_{22} = \begin{bmatrix} -iGA\kappa(k_1 - P) & -GA\kappa(k_2 - N) & 0 \\ 0 & 0 & iEAk_3 - m\omega^2 \\ EIPk_1 + iGA\kappa\dfrac{h}{2}(k_1 - P) & -EIPk_2 + GA\kappa\dfrac{h}{2}(k_2 - N) & 0 \end{bmatrix}$$

$$\gamma_{23} = \begin{bmatrix} -iGA\kappa(k_1 - P) & -GA\kappa(k_2 - N) & 0 \\ 0 & 0 & iEAk_3 + m\omega^2 \\ -EIPk_1 + iGA\kappa\dfrac{h}{2}(k_1 - P) & EIPk_2 + GA\kappa\dfrac{h}{2}(k_2 - N) & 0 \end{bmatrix}$$

2.5.2　L 型框架仿真分析

为了验证行波法应用于压电智能框架振动特性的可行性，运用行波法对 Timoshenko 梁组成的 L 型框架结构进行动态特性分析，并利用 Matlab 仿真软件进行数值计算，同时与有限元（ANSYS）计算结果作对比分析。

对 L 型框架结构的动态特性进行仿真分析时，建立如图 2-5-3 所示框架模型，其中 A 端固定，B 端自由，梁 1 和梁 2 的材料相同、几何尺寸相同且均为正方形横截面，$h = 0.05\text{m}$，$L = 0.5\text{m}$，框架结构模型中各基梁的物理参数同表 2 − 5 − 1。

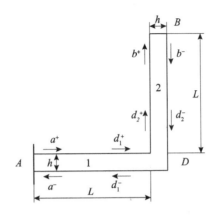

图 2 − 5 − 3　平面 L 型框架结构模型

表 2 − 5 − 1　悬臂梁基体和压电材料的物理参数

物理参数	长度/ m	宽度/ m	厚度/ m	密度/ kg/m²	弹性模量/ N/m²	剪切模量/ N/m²	泊松比
基梁（铝合金）	1.5	0.05	0.03	2800	7.1e¹⁰	2.7e¹⁰	0.3
压电片（PZT）	0.1	0.05	0.005	7500	6.3e¹⁰	2.5e¹⁰	0.3

表 2 − 5 − 2 列出了 L 型框架结构行波法与有限元法计算结果的对比详表，表中 1~7 阶的固有频率计算差别均在 10% 左右。

表 2 − 5 − 2　L 型框架固有频率计算结果　　　　　单位：Hz

固有频率	1 阶	2 阶	3 阶	4 阶	5 阶	6 阶	7 阶
有限元法	54.386	149.21	677.25	1073.7	1936.7	2446.8	2828.9
行波法	49.55	143.24	639.00	982.56	1854.97	2125.44	2699.85

图 2 − 5 − 4 为 L 型框架模型的前四阶实模态。

利用压电智能梁段的等效弹性模量理论，基于 Timoshenko 梁的行波解，能有效进行解析计算压电元件的简支梁的固有频率、振型和临界载荷。解析结果与有限元结果的计算差别在 5% 左右。对于压电智能梁，轴向压力的增大将降低其的固有频率，但对其振型没有影响。

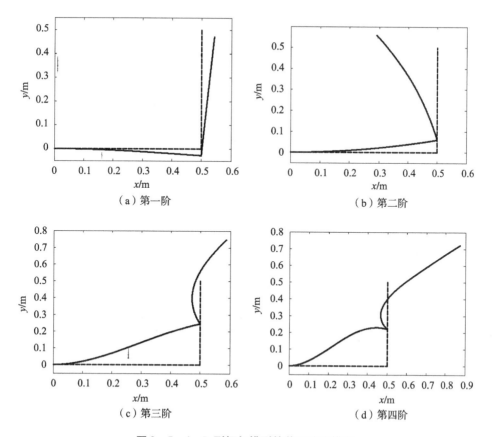

（a）第一阶　　　　　　　　　　（b）第二阶

（c）第三阶　　　　　　　　　　（d）第四阶

图 2-5-4　L 型框架模型的前四阶实模态

2.6　本章小结

　　压电材料的正逆压电效应使得其成为智能结构中应用最为广泛的一种智能材料，但压电材料的力电耦合效应和材料常数相对比较复杂，这使得对其理论研究受到较大限制。本章主要围绕压电智能结构的动力学分析进行研究，首先，介绍了压电智能结构的动力学建模概况以及压电传感作动基本原理；由于本书研究的对象为压电智能框架结构，直接对其进行理论分析比较困难，因此将智能框架结构理想化地看成由多个单元梁和 L 型框架组成的，本章利用行波分析法分别针对压电智能悬臂梁和 L 型智能框架结构进行了动力分析与建模。

第三章 压电智能结构的传感器/ 作动器优化配置

3.1 引 言

在压电智能结构振动主动控制系统中，压电传感器与作动器的数目和位置对智能结构的特性、振动控制效果以及系统实现成本等均具有重要的意义。如何以最少的数目、最佳的位置实现使其能在消耗最小的情况下得到最佳的控制效果，成为结构振动控制领域中的一个重要课题。本章在分析压电传感/作动器的优化配置准则基础上，采用粒子群优化算法，对传感器作动器位置进行了优化配置。

3.2 压电元件优化配置的研究现状

在压电智能结构振动主动控制中，压电元件数目与位置的选择是将其向工程化应用的一个重要过程。若传感器的位置选择不当，所采集的信号中过多地包含未控模态的信息，将导致观测溢出；若作动器的位置选择不当，作动器有可能激发起未控模态响应，将导致控制溢出，这样会引起整个振动控制的闭环环节性能的下降，导致结构振动失控，甚至引起共振。如何确定最优压电元件的位置实际上是一个配置优化过程，近几年来，国内外许多学者在这方面作了深入的研究，这些研究大致可分为两方面：一方面为确定优化配置准则，也即优化的目标函数；另一方面为选用合适的优化计算方法。目前在优化配置准则上主要有：基于系统可控性/可观性的准则、基于系统能量准则、基于稳定性/可靠性准则、基于模态应变能准则等。在优化配置算法上主要有：非线性规划优化方法、序列法、模拟退火、遗传算法、粒子群算法等。

上面简要地介绍了目前针对压电智能结构的压电元件位置优化的方法，以下列举一些学者的研究成果。如 Gawronski 等[209]利用格兰姆矩阵的对角优势，将系统 Hankel 矩阵的奇异值近似表示为每个驱动器和传感器所得到的 Hankel 矩阵奇异值之和，给优化配置带来了方便；严天宏等[210]利用模拟退火算法，对应用离散分布压电智能传感器/作动器进行柔性结构振动控制的一体化全局最优配置问题作了研究；Wang 等[211]从可控性角度优化了各种边界条件下的梁的作动器配置；Caruso 等[212]以模态能控性、能观性最大化为目标，优化了固定大小压电片的位置；Ning[213]使用控制输入能量的特征根分布优化压电作动器的数目，并采用遗传算法优化了其最优位置；Kim 等[214]采用瞬态振动能量作为目标函数，以瞬态振动控制为目标，基于序列二次规划法优化了柔性板的压电片布置；Demetriou[215]通过优化传感器和作动器的动态补偿因子，最小化二次目标函数，优化了传感器作动器的空间位置；周军等[216]人基于结构模态的可控可观性，提出一种压电致动器/敏感器同位位置的优化方法；Kumar 等[217,218]采用遗传算法以 LQR 性能指标函数为目标，优化了悬臂板的压电传感器位置；潘继等[219,220]人基于能量的可控 Gramian 矩阵优化配置准则，采用粒子优化算法分别对桁架结构和板状结构主动控制中作动器的优化位置进行研究；Bruant 等[221]基于最大能控/能观性准则，使用遗传算法对压电作动器与传感器的位置进行了优化；王军等[222]从系统的状态空间方程出发，以输入的能量吸收率为优化目标函数，采用遗传算法进行对压电简支板结构中的作动器位置进行优化。

根据上述的研究现状和发展趋势分析，今后针对这个研究方向需要进一步研究的几个问题的归纳：

（1）现有的优化配置方法，大多基于有限元分析模型。由于不可避免存在有限元建模误差，从而对致动器/传感器的优化配置结果产生不利影响。因此需要考察模型误差对优化结果的影响程度。

（2）现有的优化配置方法，大多给定了致动器/传感器的数目，如何确定致动器/传感器的最优数目仍是一个棘手的问题。

（3）在结构振动控制系统中，控制系统的性能不仅与致动器/传感器的配置位置有关，而且与振动增益有关。同时考虑振动增益的致动器/传感器优化配置位置有利于提高控制系统的性能。进一步在结构系统设计阶段就考虑控制增益，作动器/传感器位置的优化问题，实现结构与控制系统的一体化设计，是一个值得研究的课题。

（4）目前的优化配置计算方法，不仅计算复杂，计算效率较低，而且往往只能得到次优解。尽管随机类优化方法具有较好的前景，但还有待于进一步提高计算效率和可靠性。

3.3 传感器/作动器优化配置准则

在压电智能结构振动主动控制系统中，通常采用有限压电传感器/作动器来抑制由智能结构构成的无穷维分布参数系统，这样就存在着一个压电传感器/作动器的数目与位置的优化配置问题。目前对于数目优化的研究还很不充分，技术思路还不清楚，这主要是因为传感器/作动器的数目对于不同的控制器和控制系统来说，它是难以确定的；相对而言，压电传感器/作动器位置的优化配置则研究得较为充分。

压电传感器/作动器的优化位置问题大致可分为配置准则的选取和优化算法的确定两大步骤，首先要根据智能结构的特性，建立优化配置准则（即目标函数），然后确定合适的优化算法进行函数极值计算，极值所对应的位置则为传感器/作动器的最佳位置。目前国内外很多学者针对压电智能结构振动控制中传感器/作动器的位置已提出了各种各样的优化准则，主要有可控度/可观度准则、系统能量准则、系统响应准则、可靠性准则、控制溢出/观测溢出准则等。但是，大部分准则都是针对一般结构振动主动控制算法而立的，具体很难实施；若采用闭环设计的思路研究传感器/致动器配置问题，得到的结果往往受初始条件、权矩阵以及控制规律的影响。根据振动形式不同，振动控制的目标也不同，振动形式可以大致归纳为两类，一类为控制对象受到一个短暂的外界干扰，这种干扰主要是改变初始状态；二类为控制对象受到一个持续的外界干扰。对于第一类情况而言，控制目的为在给定的时间内，用最小的控制力，使控制对象从被干扰后的状态回到目标状态；第二类控制目的为在比较长时间内，致动器应该使得干扰对系统运动的影响最小。在文献[223]中，可以证明在一定的条件下，上述两类情况下，作动器配置的优化准则几乎是一样的。

针对第二章介绍的压电智能框架模型，如果直接对其模型进行分析优化配置准则，计算复杂的较大，为了分析方便，本书选用框架结构中的一个小的组成单元，即压电梁结构进行分析。本书采用可控度/可观度准则对压电智能结构梁的作动器/传感器的位置优化配置进行研究，配置准则如下所述。

3.3.1　传感器优化配置准则

根据文献[217,224]中所述，分布式参数的柔性悬臂梁可以用下列偏微分方程来表示。

$$F(p,t) = M(p)\frac{\partial^2 w(p,t)}{\partial t^2} + 2\zeta[M(p)L]^{1/2}$$

$$\left[\frac{\partial w(p,t)}{\partial t}\right] + L[w(p,t)] \qquad (3-3-1)$$

上式中：$F(p,t)$ 表示外加力的分布，$w(p,t)$ 表示结构相对于平衡位置的位移，也就是扰度，它是一个空间变量 $p \in D$ 和时间 t 的函数，L 是非负且线性同步自适应算子，它是仅相对于空间坐标 p 的偏微分函数，表示系统的硬度分布。$M(p)$ 为质量密度函数，它是一个关于位置 p 的正定函数。

假设系统模型式（3-3-1），受到空间分布的白噪声持续干扰，不考虑其他因素，在理想状态下，式（3-3-1）可转化为：

$$F(p,t) = f(p)\xi(t) \qquad (3-3-2)$$

式中，$\xi(t)$ 为一般强度的白噪声信号，即外扰，进一步假设空间分布 $f(p)$ 是前 n 阶模态，并且都被均匀地激励。这种情况下

$$f(p) = M(p)\sum_{i=1}^{n}\varphi_1(p) \qquad (3-3-3)$$

总合力为：

$$Q_t(t) = \xi(t) \qquad (3-3-4)$$

系统的动态方程可表示为：

$$\ddot{\eta}_t(t) + 2\xi w\dot{\eta}_t(t) + w^2\eta_t = Q_t(t) = \sum_{t=1}^{P}\varphi_t(p)f_t(t) \qquad (3-3-5)$$

式（3-3-5）是由白噪声激励的一个线性系统，所以系统的输出平方值为：

$$E[y^{\mathrm{T}}(t)y(t)] = [x^{\mathrm{T}}(t)C^{\mathrm{T}}Cx(t)] = tr[(C^{\mathrm{T}}C)X(t)] \qquad (3-3-6)$$

式（3-3-6）中，$X(t) = E[x^{\mathrm{T}}(t)x(t)]$ 为状态向量矩阵的协方差。在稳定状态下，矩阵 $X(t)$ 是时不变的，并且满足李亚普若夫等式：

$$AX + XA^{\mathrm{T}} + bb^{\mathrm{T}} = 0 \qquad (3-3-7)$$

式中，A 为系统状态方程中的系数，$b = E\left[1, 0, 1, 0, \cdots, 1, 0\right]^{\mathrm{T}}$，由于方程式（3-3-7）类似于 $AW_\tau + W_\tau A^{\mathrm{T}} + BB^{\mathrm{T}} = 0$，所以在固有频率分布很好和阻尼系数很小时，矩阵 X 将接近于 W_τ 模式，可以表示为：

$$X_n = \mathrm{diag}\left(\frac{1}{4\xi_t w_t}, \ \frac{1}{4\xi_t w_t}\right) \qquad (3-3-8)$$

所以式（3-3-6）可以表示为：

$$E\left[y^{\mathrm{T}}(t)y(t)\right] = \sum_{i=1}^{n} \frac{c_n}{4\xi_t w_t} \qquad (3-3-9)$$

上式中 $c_n = c_{dn}$，c_{vn} 或者 $c_n = c_{dn} + c_{vn}$。

由式（3-3-9）可以看出，可观性格来姆矩阵的对角元素越大，将使得系统的稳定状态对持久激励的反映越大，至少对于固有频率分布很好而且阻尼很低的系统是这样。从上述证明及其已经确定的致动器优化配置准则，可以建立传感器优化配置准则为：

$$opz' = \left(\sum_{J=1}^{2n} \lambda_J\right) \sqrt[2n]{\prod_{J=1}^{2n}(\lambda_J)} \qquad (3-3-10)$$

式中，λ_J 为可观性格来姆矩阵的特征值。由于对于具有很好分布固有频率的小阻尼结构系统，在测量速度情况下的格来姆矩阵的特征值与可控性格来姆矩阵的特征值是相同的。

3.3.2 作动器优化配置准则

在持久干扰下，为了抑制扰动的影响，致动器的布置应该保证系统的稳定状态最大可能程度地受作动器的影响。特别是，在致动器能量一定的情况下，从致动器传给所有结构模态的能量应尽可能大。假设在控制力方向时，致动器消耗的能量保持不变。

在这里，使用协方差来估计能量的分布。假设每一个致动器产生的信号是白噪声，并且它们之间没有相互作用，协方差矩阵为：

$$E\left[u(t)u^{\mathrm{T}}(t)\right] = U\delta(t-\tau) \qquad (3-3-11)$$

式中，U 为正定的对角矩阵，若所有的作动器有相同的能耗时，可以近似认为 $U = I$，I 为标准单位矩阵。

经过参考大量的文献，系统方程式（3-3-1）的动能和势能系统表达式分别为：

$$E_k = \frac{1}{2} \int_D M(p) w^2(p,t) dp \qquad (3-3-12)$$

$$E_v = \frac{1}{2} \int_D w(p,t) L[w(p,t)] dp \qquad (3-3-13)$$

由叠加原理（即 $w(p,t) = \sum_{t=1}^{\infty} \varphi_i(p) \eta_i(t)$）和系统的正交性（即 $\int_D M(p) \varphi(p) \varphi^T(p) dp = \delta_\tau$）以及 L 的表达式，可得到：

$$E_k = \frac{1}{2} \sum_{i=1}^{\infty} \dot{\eta}_i^2(t) \qquad (3-3-14)$$

$$E_v = \frac{1}{2} \sum_{i=1}^{\infty} w_i^2 \dot{\eta}_i^2(t) \qquad (3-3-15)$$

从上式可以看出，系统的总能量能被表达为每一个模态贡献的能量总和。在白噪声激励下截取前 n 阶的系统状态方程为：

$$\dot{x} = Ax + Bu \qquad (3-3-16)$$

其中：$A = diag(A_t)$，$A_t = \begin{bmatrix} -2\zeta_t w_t & -w_t \\ w_t & 0 \end{bmatrix}$

$$B = \begin{bmatrix} \varphi_1(p_1) & \varphi_1(p_2) & \cdots & \cdots & \cdots & \cdots & \cdots & \varphi_1(p_p) \\ 0 & 0 & \cdots & \cdots & \cdots & \cdots & \cdots & 0 \\ \varphi_2(p_1) & \varphi_2(p_2) & \cdots & \cdots & \cdots & \cdots & \cdots & \varphi_2(p_p) \\ 0 & 0 & \cdots & \cdots & \cdots & \cdots & \cdots & 0 \\ \cdots & \cdots & & & & & & \cdots \\ \cdots & \cdots & & & & & & \cdots \\ \varphi_4(p_1) & \varphi_4(p_2) & \cdots & \cdots & \cdots & \cdots & \cdots & \varphi_4(p_p) \\ 0 & 0 & \cdots & \cdots & \cdots & \cdots & \cdots & 0 \end{bmatrix}$$

式中角标 p 表示作动器的数目，矩阵 A 的值与系统的固有频率和阻尼系数有关，矩阵 B 为关于作动器的位置矩阵。

系统的稳定状态特性具有状态协方差矩阵为：

$$X(t) = E[u(t)u^T(t)] \qquad (3-3-17)$$

满足下式：

$$AX + XA^T + BUB^T = 0 \qquad (3-3-18)$$

当 $U = I$ 时，上式类似于 $AW_c + W_cA^T + BB^T = 0$。

利用矩阵 A 的结构特点，可知当 $U = I$ 时，X 的对角元素 $x_{i,i}$ 可表示为：

$$x_{2i-1,2i-1} = x_{2i,2i} = \frac{\beta_{ii}}{4\zeta_i w_i} \quad i = 1, 2, \cdots, n \qquad (3-3-19)$$

式中，$\beta_{ii} = \sum_{i=1}^{p} \varphi_i^2(p_i)$。所以，动能与势能的数学期望分别为：

$$E\{E_k\} = \frac{1}{2}\sum_{i=1}^{\infty} E(\dot\eta_i^2) = \frac{1}{2}\sum_{i=1}^{\infty} x_{2i-1,2i-1} = \frac{1}{8}\sum_{i=1}^{\infty} \frac{\beta_{ii}}{\zeta_i w_i} \qquad (3-3-20)$$

$$E\{E_v\} = \frac{1}{2}\sum_{i=1}^{\infty} E(w_i^2\eta_i^2) = \frac{1}{2}\sum_{i=1}^{\infty} x_{2i,2i} = \frac{1}{8}\sum_{i=1}^{\infty} \frac{\beta_{ii}}{\zeta_i w_i} \qquad (3-3-21)$$

并且总能量的数学期望为：

$$E\{E_t\} = \frac{1}{4}\sum_{i=1}^{\infty} \frac{\beta_{ii}}{\zeta_i w_i} \qquad (3-3-22)$$

由式（3-3-22）可以看出，就像动能和势能一样，系统的总能量也可以看成为各个模态能量之和。为了能有效地控制系统，从致动器传给系统的能量和各个模态贡献的能量都应该尽可能地大。

根据以上推导可得，对于持久干扰下，优化准则可建为下式：

$$opz' = 2\left(\sum_{i=1}^{n} E_i\right)\sqrt[n]{\prod_{i=1}^{n} E_i} \qquad (3-3-23)$$

上式中，E_i 为第 i 阶模态的总能量的数学期望，即 $E_i = \beta_{ii}/4\zeta_i w_i$，（3-3-23）式大致可以看作由两大项组成，第一项为系统的总能量，根据模态能量随着模态阶数的增加而急剧减少，通常只取一些低阶模态的能量。第二项可以认为是一个椭圆体的体积这个椭圆是 n 维空间的，并且其半径是与每个模态贡献的能量成比例的。

3.4 基于粒子群的传感器/作动器优化算法

1995 年由美国社会心理学家 Kennedy 和电气工程师 Ebethart 共同[225] 提出了粒子群优化算法（Particle Swarm Optimization，PSO），它是一种群智能算法，它通过个体间的协作和竞争实现全局搜索。由于此算法需要设置的参数数量少，且无遗传算法的交叉、变异算子，易于实现等优点，受到众多学者的青睐，目前已广泛应用于函数优化、神经网络训练、模式分类、模糊系统控制等领域。

3.4.1 粒子群优化算法

粒子群优化算法是由鸟群聚集觅食这一活动中受到启发而发展的，群鸟在觅食过程中，在某个区域里随机搜索食物，在这个区域中只有一个地方有食物。每只鸟都知道自己与食物间的距离，信息可以在群鸟之间共享，每只鸟都可以知道同伴的位置，距离食物的远近决定位置的优劣。因此，对每只鸟而言可以根据两方面的信息来调整自己的飞行方向和速度，以便尽快找到食物，即自身所经历过的最佳位置和整个觅食过程中群鸟所经发现的最佳位置。鸟群通过成员间动态的共享信息的机制，可以在没有任何先验知识的情况下很快找到食物。整个粒子群优化算法基本类似于群体行为的模拟，群鸟的搜索区域对应设计变量的变化范围，食物对应适应度函数的最优解，每只鸟对应每个粒子对应于设计空间的一个可行解。觅食过程中每只鸟寻找的最佳位置和群鸟所经历的最佳位置分别对应迭代过程中每个粒子的具有最佳适应度的可行解和整个粒子群中出现的最佳适应度的可行解。

粒子群优化算法（PSO）初始化为一随机粒子，然后通过迭代找到最优解。每次迭代，粒子通过跟踪两个"极值"粒子自身找到的最优解 P_{opt} 和群体找到的最优解 G_{opt} 来更新自己。其数学描述如下：

假设在一个 D 维的搜索空间中，有 m 个粒子组成一个群落，其中第 i 个粒子表示一个 D 维向量 $X_i = (x_{i1}, x_{i2}, \cdots, x_{iD})$，第 i 个粒子的飞翔速度也是一个 D 维向量 $V_i = (v_{i1}, v_{i2}, \cdots, v_{iD})$，令第 i 个粒子迄今为止搜索到的最优位置为 $P_i = (p_{i1}, p_{i2}, \cdots, p_{iD})$，整个粒子群迄今为止搜索到的最优位置为 $P_g = (p_{g1}, p_{g2}, \cdots, p_{gD})$，PSO 算法的基本公式如下：

$$V_{id}(t+1) = \delta \cdot V_{id}(t) + \alpha_1 \cdot r_1 \cdot [P_{id}(t) - x_{id}(t)] +$$

$$\alpha_2 \cdot r_2 \cdot \left[P_{gd}(t) - x_{id}(t) \right] \tag{3-4-1}$$

$$x_{id}(t+1) = x_{id}(t) + v_{id}(t+1) \tag{3-4-2}$$

其中：$i = 1, 2, \cdots, m$；$d = 1, 2, \cdots, D$；α_1 和 α_2 为非负常数，称为学习因子或加速因子，通常取值为 2；r_1 和 r_2 是介于 $[0, 1]$ 之间的随机数；$V_{id} \in [-V_{max}, V_{max}]$，为具体优化条件设定。

由上述优化算法的数学模型可见，粒子的飞行速度就是搜索步长，其大小直接影响着算法的全局收敛性。如粒子的飞行速度太大，能够保证各个粒子以较快的速度全局最优解的区域。但是，当粒子接近最优解区域时，由于粒子飞行速度缺乏有效的控制和约束，很容易飞越最优解转而去探索其他区域，从而导致算法很难收敛于全局最优解。为了平衡算法的全局搜索能力和局部搜索能力，Shi 与 Ebberhart 提出在原算法中引入惯性权重系数，以实现对粒子飞行速度的控制和调整。

式（3-4-1）中 δ 为惯性因子，其值越大，粒子将以较大的步长进行全局探测；其值越小，粒子将趋向于进行精细的局部搜索。在搜索的过程中可以对 δ 进行动态调整：开始的时候，可以给 δ 赋予一个较大的正值，随着搜索的进行，δ 逐渐线性减少，这样做可以使粒子在开始时以较大的步长在全局范围内探测到较好的位置，在搜索的后期，较少的 δ 值可以使粒子在极点周围作精细搜索，从而使算法具有更大的概率以一定的精确度收敛于全局最优解。

对于一个需要优化的实际问题，一般可按下述步骤构造粒子群算法：

第 1 步：对粒子群中的每一个粒子的位置和速度进行初始化，并取 p_g 为 p_i（$i = 1, 2, \cdots, m$）中的最优值。

第 2 步：计算每个粒子的目标函数值。

第 3 步：将每个粒子的目标函数值与其 p_i 的目标函数值比较，如果优于 p_i 则将当前的位置作为 p_i。

第 4 步：对每个粒子，将其当前的 p_i 与群体历史最优位置的目标函数值 p_g 比较，如果优于 p_g，则将其作为 p_g。

第 5 步：根据粒子群位置和速度来调整各个粒子的位置和速度。

第 6 步：检查终止条件（通常为最大迭代步数或最优目标函数值），若满足条件，则终止迭代，否则返回第 2 步。

3.4.2　优化目标函数的建立

综上所述，分别得出了作动器和传感器的位置优化配置准则，从上面可以看出，可控性格来姆矩阵和可观性格来姆矩阵分别定量地给出了系统的状态与输出和系统的状态与输入的关联性。不过有一点值得注意，那就是这些矩阵和特征值都是依赖于所取的状态向量，如果状态向量改变的话，上述将是不成立的。上面有关的准则也说明：系统的状态方程的各个矩阵的特征值，可控性格来姆矩阵和可观性格来姆矩阵与优化配置准则是有关联的；并且系统的可控性格来姆矩阵与可观性格来姆矩阵分别与矩阵 B 和矩阵 C 有关，但矩阵 B 和矩阵 C 又分别与作动器和传感器的位置有关。这也就是应用状态方程来进行传感器/作动器位置优化配置的机理。

所以，寻优准则也就是寻求最好的位置使得可控性和可观性格来姆矩阵的特性最优。为此，建立如下最优准则：当其数学值很小时，系统就不可控或不可观；当其数学值很大时，系统就可控或可观。这准则指标的数值最大，也就是最好的位置。

在确立优化目标函数之前，首先要求出系统的可控性矩阵和可观性矩阵，根据 Gramian 矩阵与系统模态能量表达式之间的转化关系，根据 3.3.1 节，可得可观 Gramian 矩阵 W_{obs} 为

$$W_{obs} = diag\left(\frac{c_n}{4\xi_i w_i}, \frac{c_n}{4\xi_i w_i}\right) \quad i = 1, 2, \cdots, n \qquad (3-4-3)$$

然后根据 3.3.2 节，可得可控 Gramian 矩阵 W_{con} 为

$$W_{con} = diag\left(\frac{\beta_n}{4\zeta_i w_i}, \frac{\beta_n}{4\zeta_i w_i}\right) \quad i = 1, 2, \cdots, n \qquad (3-4-4)$$

综合上述，在假设系统的固有频率分布很好和阻尼系数很小的情况下，建立如下优化目标函数：

$$Obj = trace\ (W)\ \sqrt[2n]{\det\ (W)}/\sigma\ (\lambda_i) \qquad (3-4-5)$$

式中，W 为 Gramian 矩阵，它取值为 W_{obs} 或 W_{con}；$\sigma(\lambda_i)$ 为 Gramian 矩阵 W 特征值 λ_i 的标准方差；$\sqrt[2n]{\det\ (W)}$ 为特征值的几何平均值，其物理意义为椭圆的体积，n 为自由度系数；$\sigma(\lambda_i)$ 主要为了避免同时具有很大和很小特征值的位置；$trace(W)$ 为作动器的输出能量。

由前面的证明可知，W 可表示为各阶模态的能量或者模态特征值，所以可以知道：$trace(W)$，$\sqrt[2n]{\det(W)}$，$1/\sigma(\lambda_i)$ 的最大值和最小值具有同步性。另外，准则中 $trace(W)$ 可以表示系统各阶模态能量之和，而我们可以知道：求

和过程中总可以忽略小的数值，所以，此式可以表示为低阶模态的和。并且，$\sqrt[2n]{\det(W)}$ 可以表示为系统各阶模态能量的乘积，众所周知：乘积运算中，每一项都起作用；所以：此式表示所有模态均起作用了，也就考虑了高阶模态。所以，这个准则很好地考虑了系统的各阶模态，将会很有效地对传感器/作动器的进行优化配置。

3.4.3　粒子群优化过程与结果分析

针对压电智能结构梁的特性分析，上节已经得出了针对压电传感作动器的位置优化目标函数，如文献[226]在有限元建模的基础上，采用可控 Gramian 矩阵对二维柔性板的作动器的优化位置进行了研究，并且进行了主动控制仿真。但是在采用可控/可观 Gramian 矩阵进行位置寻优时，每次迭代计算中需要求解 Laypunov 方程，当系统自由度较大或对多个作动器进行位置寻优时，计算量将急剧上升，致使遍历法的耗时非常长，而且由于计算机的计算误差累计有可能导致数据产生溢出。由此，为了避开寻优过程中的复杂计算，本书提出采用粒子群算法对其目标函数进行优化，达到计算效率高、收敛速度快、简单易行、通用性高等优点。

利用粒子群对压电传感器/作动器的优化过程大致分以下几个步骤：

1）首先针对优化对象建立其动力学方程，分别求出各阶固有频率和各阶模态应变的方程表达式。

2）针对研究其研究对象，进行模态应变分析，求出各阶固有频率、振型、应力模态分布等。

3）将所求出的模态数值、固有频率等转化为优化目标函数需要的形式，并将其代入优化目标函数，依据粒子群优化算法进行位置优化，最终得出压电传感器/作动器的优化布置方案。

（1）智能压电梁的模态分析

由于直接分析压电框架结构的模态比较复杂，为了比较清晰地介绍本书算所采用的优化方法，所以直接针对压电框架结构的组成单元（即压电梁）进行分析。整个框架的材质为铝合金，其中铝合金梁的相关参数为：长度 $l = 1500\text{mm}$，宽度 $b = 20\text{mm}$，高度 $h = 5\text{mm}$，密度 $\rho = 2700\text{kg/m}^3$，杨氏模量 $E_p = 7.0 \times 10^{10}\text{Pa}$，泊松比 $\nu = 0.33$。压电传感器的材料型号为 P – 51，压电作动器的材料型号为 PZT – 5H，其相关参数如表 3 – 4 – 1 所示。

表 3-4-1 传感器/作动器相关参数

型号	长度/mm	宽度/mm	厚度/mm	耦合系数 K_p	压电常数 d_{31}	体积密度 ρ / (10^3kg/m^3)
P-51	20	6	0.4	0.62	186	7.6
PZT-5H	40	8	1	0.68	275	7.5

假设其压电梁单元均为理想的状态下，根据式（3-3-1），结合以上所介绍的实际情况，得出铝合金梁的动态方程及其边界条件[227]为：

$$\frac{EI}{\rho A}\frac{\partial^4 y(x,t)}{\partial x^4} + 2\zeta\sqrt{\frac{EI}{\rho A}}\left[\frac{\partial^3 y(x,t)}{\partial x^2 \partial t}\right] + \frac{\partial^2 y(x,t)}{\partial t^2} = \frac{1}{\rho A}\sum_{l=1}^{P}\delta(x-x_l)f_l(t) \quad (3-4-6)$$

式（3-4-6）中 E 为模态量，I 为截面二次距，可以转化为通解形式：

$$y(x) = C_1\sin(\beta x) + C_2\cos(\beta x) + C_3 sh(\beta x) + C_4 ch(\beta x) \quad (3-4-7)$$

$$y(x,t)\big|_{x=0} = 0 \qquad \frac{\partial y(x,t)}{\partial x}\big|_{x=0} = 0 \qquad (3-4-8)$$

$$EI\frac{\partial^2 y(x,t)}{\partial x^2}\big|_{x=l} = 0, \quad EI\frac{\partial^3 y(x,t)}{\partial x^3}\big|_{x=l} = 0 \qquad (3-4-9)$$

式（3-4-8）和式（3-4-9）分别为固定端的几何边界约束和自由端的力边界约束条件，由两式可得：

$$C_1 = -C_3, \qquad C_2 = -C_4$$

$$\begin{cases} C_1[\cos(\beta l) + ch(\beta l)] + C_2[\sin(\beta l) + sh(\beta l)] = 0 \\ -C_1[\sin(\beta l) - sh(\beta l)] + C_2[\cos(\beta l) + ch(\beta l)] = 0 \end{cases} \quad (3-4-10)$$

式（3-4-10）中，C_1、C_2 为非零解的条件为

$$\begin{vmatrix} \cos(\beta l) + ch(\beta l) & \sin(\beta l) + sh(\beta l) \\ -\sin(\beta l) + sh(\beta l) & \cos(\beta l) + ch(\beta l) \end{vmatrix} = 0 \quad (3-4-11)$$

由式（3-4-11）展开可得：

$$\cos(\beta l)ch(\beta l) + 1 = 0 \qquad (3-4-12)$$

针对式（3-4-12）数值解为：

$$\beta_1 l = 1.875, \quad \beta_2 l = 4.694, \quad \beta_3 l = 7.855, \quad \beta_4 l = 10.996,$$

$$\beta_5 l = 14.137, \cdots, \beta_n l \approx ((2n-1)/2)\pi$$

其各阶的固有频率式为：

$$\omega_n = (\beta_n l)^2 \sqrt{\frac{EI}{\rho l^4}} \quad n = 1,2,3,\cdots,n \qquad (3-4-13)$$

由上式可知，各阶的模态函数为：

$$\varphi_n(x) = \cos(\beta_n x) - ch(\beta_n x) + \xi_n[\sin(\beta_n x) - sh(\beta_n x)] \qquad (3-4-14)$$

根据材料相关参数，采用 ANSYS 软件进行模态分析，分别列出前 3 阶模态应力分布图、前 3 阶振型模态图、前 6 阶固有频率表，以下为其图、表所示。

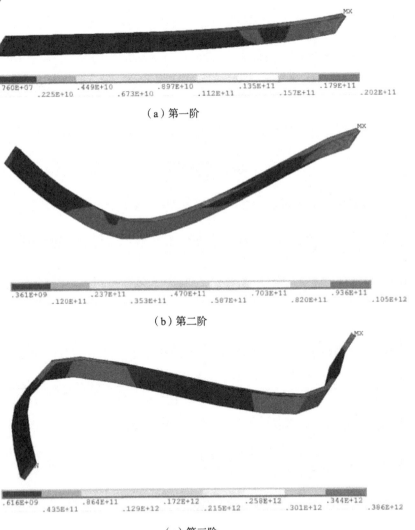

（a）第一阶

（b）第二阶

（c）第三阶

图 3-4-1　前 3 阶模态应力分布图

表 3－4－2　压电铝合金梁前 6 阶固有频率表

阶数	1	2	3	4	5	6
固有频率	29.518	34.851	95.873	178.932	200.689	253.306

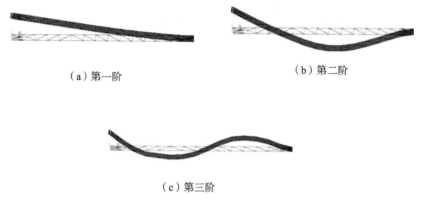

（a）第一阶　　　　　　　　　　（b）第二阶

（c）第三阶

图 3－4－2　前 3 阶模态振型图

（2）压电传感器/作动器的优化位置分析

为了清晰地描述优化方法，建立压电铝合金梁的坐标位置示意图，其中 X 坐标系为梁的长度，由于梁的实际长度为 $l = 1500\text{mm}$，图中一小格代表 50mm；Y 坐标系为梁的宽度，由于梁的实际宽度为 $b = 20\text{mm}$，图中一小格代表 4mm；例如图中 B 点坐标为（8，3），其实际离 A 点的相对位置为（400mm，12mm）。

采用粒子群对传感器/作动器在铝合金梁上的位置进行优化计算，分别针对 1～8 对压电传感器/作动器时其在梁上的位置进行优化，坐标位置依据图 3－4－3 所示，粒子群优化算法的整个过程如图 3－4－4 所示，在优化算法过程中粒子群适应度进化曲线如图 3－4－5 所示，最终得到的传感器/作动器优化位置方案如表 3－4－3 所示。

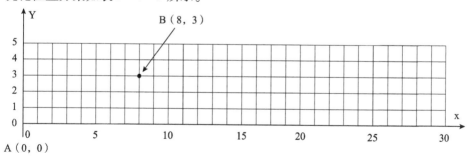

图 3－4－3　压电铝合金梁的坐标建立示意图

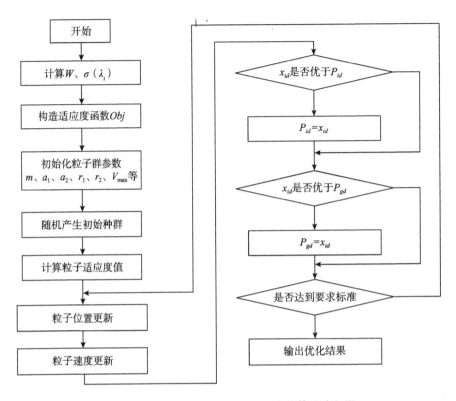

图3-4-4 粒子群压电元件位置优化算法流程图

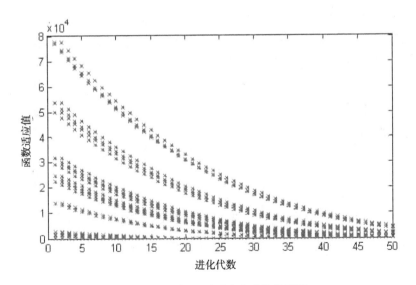

图3-4-5 粒子群适应度进化曲线图

表 3 - 4 - 3　传感器/作动器的数量、位置优化表

数量	位置坐标							
1	(1, 3)							
2	(1, 3)	(27, 3)						
3	(1, 3)	(5, 4)	(27, 2)					
4	(1, 3)	(5, 3)	(20, 3)	(27, 3)				
5	(1, 3)	(8, 3)	(16, 2)	(22, 3)	(28, 3)			
6	(1, 2)	(4, 3)	(10, 3)	(16, 4)	(24, 2)	(27, 3)		
7	(1, 3)	(3, 3)	(8, 2)	(15, 4)	(19, 4)	(23, 2)	(28, 3)	
8	(1, 4)	(3, 2)	(7, 4)	(13, 4)	(17, 2)	(21, 4)	(24, 3)	(28, 3)

3.5　压电智能框架结构的构建

3.5.1　实验模型结构设计

本书的实验模型对象大致参考 X - 43 型号临近空间高速飞行器的主体框架结构，设计实验模型结构的构想如图 3 - 5 - 1 所示，具体设计参数如下：

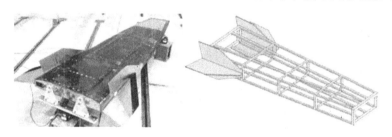

图 3 - 5 - 1　参照 X - 43 临近空间飞行器的实验模型结构构想图

1）框架总体尺寸为：长 1500mm，高度为 160mm，宽度方向尺寸如图所示，左边宽边长 500mm，右边宽边为 350mm，中间为斜过渡。

2）框架的长边两边支撑，框架变形部分均选用铝合金材料，其弹性刚度 $E = 70$GPa，由于长边上的斜度比较小，对长框架结构杆的长度影响不大，故支撑梁的长度仍可认为是 1500mm，外界力作用点在梁的中心位置。

选用陶瓷压电片作为压电机敏材料，其中传感 PZT 为 P - 51 型，驱动 PZT 为横向压电应变常数较大 PZT - 5H 型。考虑到实验模型框架为铝合金材料，

为保证多输入、多输出控制时，施加的控制电压不会产生串扰，压电传感器与驱动器均与实验结构绝缘粘贴，具体方法为首先采用 AB 胶水先将压电片与环氧树脂薄片粘贴，再将其粘贴于实验结构表面。

3.5.2　框架结构的传感器/作动器的位置配置方案

前面几节着重分析了实验模型结构的组成单元（压电铝合金梁）的压电单元的位置优化配置方案，由于考虑到压电框架结构理论建模的复杂性，从上面针对压电铝合金梁的优化配置结果得出，压电智能结构的模态应力与振型对压电 PZT 布位配置有很大关系，采用上面所用到的可控可观性优化准则，并以 ANSYS 分析结果为实现手段，分析了结构较低模态频率下的振动应力应变分布状况，得到综合应变较大位置，作为粘贴压电传感器与作动器的位置。

为分析实验模型框架结构的模态与振型，按照模型实物尺寸在 ANSYS 中建立了框架结构的几何模型（如图 3－5－2 所示）和有限元模型（如图 3－5－3 所示）。计算过程中，框架结构采用四根弹簧与其他固定物体相连，即弹簧的上端固定；框架结构选用铝合金材料，采用 20 节点 SOLID92 单元，弹性模量为 70GPa，泊松比 0.3，密度 2700kg/m^3。

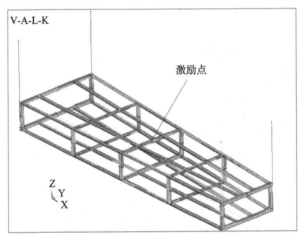

图 3－5－2　框架结构几何模型

利用 ANSYS 对模型框架结构进行模态分析，得到前八阶固有频率及其模态振型图，现取前四阶的固有频率对应模态振型图如图 3－5－4 所示，其中白色虚线为原始位置。

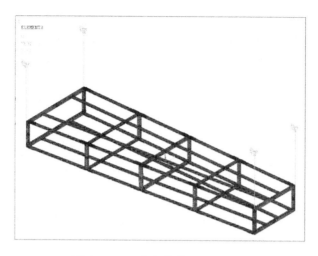

图 3 - 5 - 3　框架结构有限元模型

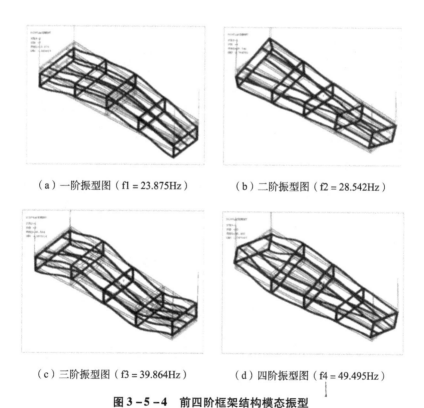

（a）一阶振型图（f1 = 23.875Hz）　　　　（b）二阶振型图（f2 = 28.542Hz）

（c）三阶振型图（f3 = 39.864Hz）　　　　（d）四阶振型图（f4 = 49.495Hz）

图 3 - 5 - 4　前四阶框架结构模态振型

上述只针对模型的主框架进行了 ANSYS 分析，以下首先将模型的机翼组合在主框架结构上，实现了整个压电智能框架结构模拟飞行器的目的，其中机翼采用选用环氧树脂板材料，材料密度为 1730kg/m^3，杨氏模量为 2.0×10^{10} Pa，泊松比为 0.16。针对实验模型结构进行前 10 阶的模态分析，由于篇幅有限，现将模型结构各位置一阶和二阶模态应变分布图给出，如图 $3-5-5$、图 $3-5-6$ 所示：

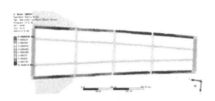 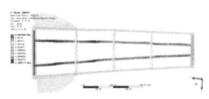

（a）主支撑框架一阶振动模态应变分布图　　　（b）辅助支撑框架一阶振动模态应变分布图

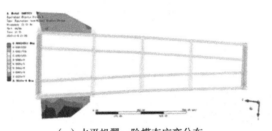

（c）水平机翼一阶模态应变分布

图 3-5-5　实验模型结构一阶振动模态应变分布图

 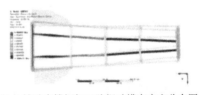

（a）主支撑框架二阶振动模态应变分布图　　　（b）辅助支撑框架二阶振动模态应变分布图

（c）水平机翼二阶振动模态应变分布

图 3-5-6　实验模型结构二阶振动模态应变分布图

实验模型前四阶固有振动模态频率如表 $3-5-1$ 所示。

表3-5-1　实验模型框架结构前四阶固有频率表

振动模态阶数	1	2	3	4
未粘贴压电片振动模态频率/Hz	19.58	33.20	48.87	61.75
粘贴压电片振动模态频率/Hz	20.70	34.35	49.70	62.50

　　依据3.4节的位置优化方法，同时考虑到各阶振动模态的应力分布其他区域具有相对集中的分布，则综合考虑在相关位置进行压电传感器/作动器的配位布置；压电传感器/作动器分布布置如图3-5-7所示，图中布置在骨架上的作动器每一纵排为一个作动通道，尾部机翼上的作动器每一横排为一个通道，传感器各自为各自的通道，一共构成10×10的多通道控制模型。

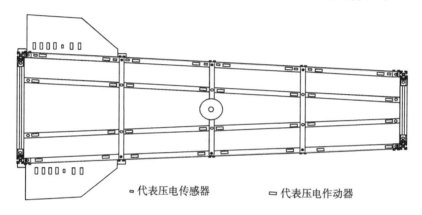

□代表压电传感器　　　□代表压电作动器

图3-5-7　实验模型结构传感器/作动器位置布置俯视图

3.6　本章小结

　　本章首先介绍了压电传感器/作动器位置配置优化的研究现状，依据压电梁的偏微分方程分别给出传感器、作动器的位置优化配置准则；简要介绍了粒子群优化算法，采用可控可观性准则，同时结合3.3节的内容，建立针对压电铝合金梁的位置优化目标函数，采用粒子群优化算法对其进行位置优化；最后，针对压电智能框架结构，类似3.4节的优化方法，同时结合框架结构的实际情况，给出其位置配置方案；此章内容为后续章节实验模型的搭建重要组成部分。

第四章 自适应滤波器原理及其最小均方算法

4.1 引 言

振动主动控制中的核心问题是控制策略的选定和控制律的设计。因此控制律设计方法的研究成为整个振动主动控制领域中一个很重要的方面。近几十年来控制领域的研究成果，从自动调节原理到现代控制理论，为振动主动控制中的控制律设计奠定了坚实的基础。到目前为止，尽管振动主动控制的控制律设计方法绝大多数都是基于控制领域已有的成果，但都要根据振动问题的特殊性予以灵活运用。另外，根据各类振动问题的特点，还发展了有别于传统控制理论的新的有效方法，如力学工作者提出的用于确定飞机机翼颤振主动抑制控制律的气动能量法，用于结构振动控制的独立模态空间控制法等。

根据在不同的域内设计控制律，可分为时域设计法与频域设计法。时域设计法是在状态空间内进行的，这种方法尤其适用于控制器具有多输入－多输出关系的控制律设计，其设计都是以时间的特定函数满足一定的要求（如达到极小点）为出发点。由于多输入－多输出系统是工程实际中大量存在的，因此时域设计法已成为目前振动主动控制律设计方法中的主流。当前在振动主动控制领域，依据时域设计法的特点已发展了多种振动主动控制方法，如特征结构配置法、独立模态空间控制法、最优控制法和自适应控制法等。其中特征配置、模态控制和最优控制都是基于受控结构精确模型的振动控制方法，也即依据这些方法进行控制律设计，都是以控制过程的动态特性或受控系统的动力学特性事先已知，且在运行中不发生未知变化为前提条件的。但是，由于种种原因，要事先完全掌握受控系统的动力学特性几乎是不可能的，因此工程实际中的受控对象主要是结构和参数具有严重不确定性的振动系统。概括地讲，形成受控系统不确定性的主要原因有：

（1）受控对象结构模型误差。它包括两部分内容：

ⓐ 由于建模方法、手段的限制，受控对象与数学模型之间存在着误差；

ⓑ 为方便设计，对数学模型进行线性化处理和降阶处理所带来的误差。从这个意义上讲，所有受控对象的数学模型都是近似的，受控系统的结构和参数具有不确定性是一种普遍的现象。

（2）受控对象本身特性与结构的变化。如空间飞行器的质量和重心随燃料的消耗而变化，航天工程中航天器构型的改变，太阳帆板和防护层指向的改变，天线结构的开合及航天器对接等。

（3）受控对象工作环境的变化。一般地讲，环境特性对受控系统的影响是不可避免的，如空间飞行器的空气动力学参数随飞行高度、飞行速度和大气条件的变化而在大范围内发生变化。因此，环境干扰必然在受控系统中引入某种不确定性。

（4）控制器设计过程中的工程近似、实现时的元件误差等。

对于这类结构和参数具有严重不确定性的振动系统，就不能按照上述三类振动控制方法设计一个定常反馈系统来达到预定的控制性能要求，即便实现了设计但控制效果也会变差，甚至出现不稳定现象。因此在 20 世纪 80 年代初开始考虑采用自适应控制策略来解决此类振动系统的控制问题，由此逐步展开了结构振动的自适应控制技术研究。

自适应控制的基本设计思想是：在控制过程中，通过不断量测受控系统的状态信息，逐渐掌握和了解受控对象的动态特性；根据掌握的过程信息，按照一定的设计方法作出控制决策去更新控制器的结构、参数或控制作用，以便在某种意义下使控制效果达到最优或次最优，或达到某个预期的目标。因此，自适应控制具有在受控对象的模型知识和受控过程的环境知识知之不全甚至知之甚少的情况下，给出高质量控制品质的特点。由此可见，自适应控制技术对于结构和参数具有严重不确定性振动系统的控制问题，提供了一种有效的解决手段。但由于实际的自适应控制系统常常兼有随机、非线性和时变等多种特征，内部机理也相当复杂，所以应用这一技术所取得的成果与人们的期望还相差很远。当前在结构振动的自适应控制研究中，所采用的自适应控制方法主要有：自适应滤波前馈控制、模型参考自适应控制、自校正控制和自寻最优控制等。这些控制方法各有其特点，但总体而言在振动控制中还有许多关键问题没有解决，因此均有待进一步深入研究与完善。

随着智能材料结构概念正在向各个工程领域的广泛渗透，当前采用自适应控制策略实现智能/机敏结构的减振降噪已成为振动和噪声控制领域的一个新的发展趋势。尤其近年来由自适应滤波技术基础上发展起来的自适应滤波前馈控制方法，在实现机敏结构振动响应的自适应控制方面取得了很大的进展，并因此成为当前振动控制的研究热点之一。在该方法研究方面，C. R. Fuller 等人的工作非常显著，他们把不同的压电机敏结构作为振动控制的受控对象，实验中均取得了良好的减振降噪效果，并且表明通过对结构振动响应的主动控制来抑制由结构振动引起的噪声辐射，比传统的被动阻尼及有源消声等方法更有效及易于实现。

因此，本章首先对基于 FIR 结构的自适应滤波器原理进行了阐述，并详细描述了其实现的具体方式。在此基础上，重点说明了最小均方算法理论，并且对该理论的特性进行了详细的分析，对收敛条件提出了明确的意见，从而为自适应最小均方算法应用于结构振动主动控制引入了理论基础。

4.2　自适应滤波器的基本原理

自适应滤波器实际上是能自动调节其单位样本响应特性以达到最优化的维纳滤波器，是以最小均方误差为准则的最佳过滤器。设计自适应滤波器时可以不必要求预先知道信号与噪声的自相关函数，而且在滤波过程中信号与噪声的自相关函数即使随时间作慢变化它也能作自动适应，自动调节到满足最小均方差的要求。这些都是它的突出优点，因此它被广泛应用于各种信号处理中。

维纳滤波器的输入输出关系如图 4 - 2 - 1 所示，其输入是一随机信号 $x(n)$：

$$x(n) = s(n) + v(n) \qquad (4-2-1)$$

其中 $s(n)$ 表示信号的真值，$v(n)$ 表示噪声。其输出 $y(n)$ 等于 $s(n)$ 的估计值 $\hat{s}(n)$。

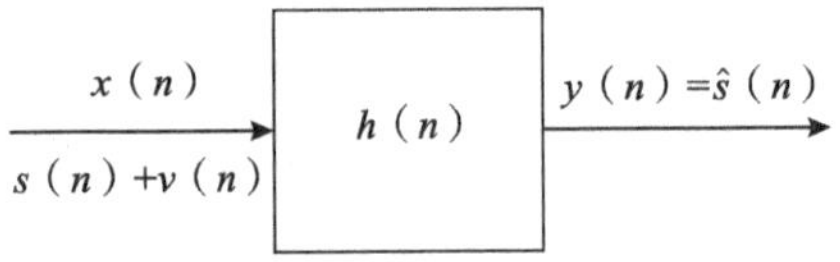

$$\begin{array}{c} x(n) \\ \overrightarrow{} \\ s(n) + v(n) \end{array} \boxed{\quad h(n) \quad} \begin{array}{c} y(n) = \hat{s}(n) \\ \overrightarrow{} \end{array}$$

图 4 - 2 - 1　维纳滤波器的输入输出关系

自适应滤波器能自动调节 $h(n)$ 以满足最小均方误差的准则：

$$E[e^2(n)] = E[(s - \hat{s})^2] = \min \qquad (4-2-2)$$

应用横向结构的有限长单位脉冲响应（FIR）滤波器形式来实现自适应滤波是最常用的一种方法。如果 $h(n)$ 长为 N，则有：

$$y(n) = \sum_{m=0}^{N-1} h(m)x(n-m) = \sum_{i=1}^{N} h_i x_i \qquad (4-2-3)$$

这里 $i = m+1$，$h_i = h(i-1)$，$x_i = x(n-i+1)$。

由此可见，输出 $y(n)$ 是 N 个所有过去输入的线性加权之和，其加权系数为 h_i。在自适应滤波器中加权系数用 w_i 表示，所希望的输出用 d 表示，时间用下标 j 表示，式（4-2-3）成为：

$$y_j = \sum_{i=1}^{N} w_i x_{ij} \qquad (4-2-4)$$

一般来讲，x_{1j}，x_{2j}，$\cdots$，x_{Nj} 可以是任意一组输入信号，即并不一定要求其各 x_{ij} 是由同一信号的不同延迟，但由同一信号的不同延迟组成的延迟线抽头形式的所谓横向 FIR 结构是最常用的自适应滤波器形式，如图 4-2-2 所示。

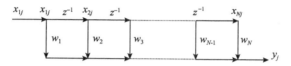

图 4-2-2　自适应滤波器的横向 FIR 结构

这样，就有 $x_{1j} = x_j$，$x_{2j} = x_{j-1}$，$\cdots$，$x_{Nj} = x_{j-N+1}$。这里讨论的自适应滤波器就采用这种结构，其原理如图 4-2-3 所示。自适应滤波器的关键在于根据 e_j 及各 x_{ij} 值，通过某种算法寻找 $E[e^2] = \min$ 时的各 w_i 的值。

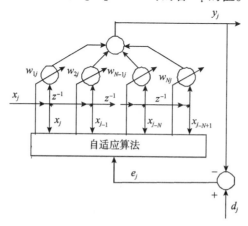

图 4-2-3　横向 FIR 自适应滤波器原理图

将式（4－2－4）写成矩阵形式有：

$$y_j = X_j^\tau W = W^\tau X_j \qquad (4-2-5)$$

这里 $W = [w_1,\ w_2,\ \cdots,\ w_N]^T$, $X_j = [x_{1j},\ x_{2j},\ \cdots,\ x_{Nj}]^T$

$$
\begin{aligned}
E[e_j^2] &= E[(d_j - y_j)^2] = E[(d_j - W^\tau X_j)^2] \\
&= E[d_j^2] - 2E[d_j X_j^\tau]W + W^\tau E[X_j X_j^\tau]W \qquad (4-2-6)
\end{aligned}
$$

令

$$
\begin{aligned}
P &= E[d_j X_j] = E[d_j x_{1j},\ d_j x_{2j},\ \cdots,\ d_j x_{Nj}] \\
&= d_j \text{ 与 } X_j \text{ 的互相关矢量} \qquad (4-2-7)
\end{aligned}
$$

$$
R = E[X_j X_j^\tau] = E\begin{bmatrix}
x_{1j}x_{1j} & x_{1j}x_{2j} & \cdots & x_{1j}x_{Nj} \\
x_{2j}x_{1j} & x_{2j}x_{2j} & \cdots & x_{2j}x_{Nj} \\
\vdots & \vdots & \vdots & \vdots \\
x_{Nj}x_{1j} & x_{Nj}x_{2j} & \cdots & x_{Nj}x_{Nj}
\end{bmatrix}
$$

$$= \text{输入 } X_j \text{ 的自相关矩阵} \qquad (4-2-8)$$

于是式（4－2－6）可表示为：

$$E[e_j^2] = E[d_j^2] - 2P^\tau W + W^\tau R W \qquad (4-2-9)$$

对于平稳输入，式（4－2－9）是权矢量 W 的二次方函数，因此 $E[e_j^2] \sim W$ 是一个凹的超抛物体的曲面，它具有唯一的极小点。可以用梯度方法沿着该曲面调节权矢量的各元素，得到这个均方误差 $E[e_j^2]$ 的最小点。

均方误差的梯度可以将式（4－2－9）对权矢量的各 w_i 进行微分得到：

$$\nabla_j = \left\{ \frac{\partial E[e_j^2]}{\partial w_1}, \frac{\partial E[e_j^2]}{\partial w_2}, \cdots, \frac{\partial E[e_j^2]}{\partial w_N} \right\} = -2P + 2RW \qquad (4-2-10)$$

置 $\nabla_j = 0$ 就可得到最佳权矢量，用 W^* 表示，即

$$-2P + 2RW = 0 \quad \text{或} \quad W = W^* = R^{-1}P \qquad (4-2-11)$$

将式（4－2－11）代入式（4－2－9），得到最小均方误差为：

$$(E[e_j^2])_{\min} = E[d_j^2] - W^{*\tau}P \qquad (4-2-12)$$

自适应滤波器将输出 y_j 与所希望的值 d_j 比较，如果有误差，则用误差用 e_j 去控制 W，使 W 为 $E[e_j^2] = \min$ 的 W^*。因此它的关键在于如何寻找 W^*，即用什么算法来求得 W^*，最常用的算法就是所谓的最小均方（Least Mean Square）算法，简称 LMS 算法。

4.3 最小均方算法

自适应滤波器的自适应过程就是要寻求 W^*，虽然按式（4－2－11）$W^* = R^{-1}P$ 可求得 W^*，但需要预先知道相关矩阵 P 和 R。当 P 和 R 不能预先获得时，就只能直接用数值计算的方法。在权的数目 N 很大或输入数据率很高时，这种方法将会遇到计算上的严重困难。这种方法不仅需要计算 $N \times N$ 矩阵的逆，而且还要测量或估算 $N(N+1)/2$ 个自相关和互相关函数才能得到 P 和 R 的各矩阵元素。不仅如此，当输入信号的统计特性在慢慢地变化时，还必须从头重新作计算。因此，人们宁愿应用另外更有实用价值的递推算法。LMS 算法正是求最佳权矢量的一个简单而有效的递推方法。此方法不需要求相关矩阵，也不涉及矩阵求逆，而是应用最优化的数学算法最陡下降法（steepest descent method）。按照这种方法，下一个权矢量 W_{j+1} 等于现在的权矢量 W_j 加上一个正比于梯度∇_j的负值变化量，即

$$W_{j+1} = W_j - u \nabla_j \qquad (4-3-1)$$

其中，u 是一个控制稳定性和收敛速度的参量。

由式（4－2－9）可知 $E[e_j^2]$ 是多维矢量 W 的二次方程，$E[e_j^2]$ 随 W 的变化关系可以画成一个"碗形"的曲面，自适应过程正是调节 W 去寻找"碗底"的过程。为了简单，假设 W 是一维的，则 $E[e_j^2]$ 与 W 的关系成为一个抛物线，如图 4－3－1 所示。抛物线底部这一点就是由 $dE[e_j^2]/dW = 0$ 得出的 $W = W^*$ 的点。

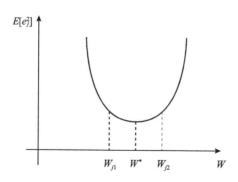

图 4－3－1 一维梯度下降法示意图

下面用梯度下降法找到这一点。如果现在 $W = W_{j_1}$ 时，$dE[e_j^2]/dW|_{W=W_{j_1}} < 0$，则 W_{j_1} 必在 W^* 的左边。为了使下一个 W 值 W_{j_1+1} 更接近 W^*，应有（设 $\Delta W > 0$）

$$W_{j_1+1} = W_{j_1} + \Delta W \qquad (4-3-2)$$

如果 $W = W_{j_2}$ 时，$dE[e_j^2]/dW|_{W=W_{j_2}} < 0$，则 W_{j_2} 必在 W^* 的右边。为了使下一个 W 值 W_{j_2+1} 更接近 W^*，应有：

$$W_{j_2+1} = W_{j_2} - \Delta W \qquad (4-3-3)$$

式（4-3-2）和式（4-3-3）可合并为：

$$W_{j+1} = W_j - u\frac{dE[e_j^2]}{dW}\bigg|_{W=W_j} \qquad (4-3-4)$$

这里 $u > 0$。按式（4-3-4），不论 W_j 在 W^* 的左边还是右边，都使下一个 W 值 W_{j+1} 比 W_j 更接近 W^*。$\dfrac{dE[e_j^2]}{dW}\bigg|_{W=W_j}$ 可以用梯度 ∇_j 表示，即

$$W_{j+1} = W_j - u\,\nabla_j \qquad (4-3-5)$$

当 W 是多维的情况，梯度 ∇_j 可以用列矩阵表示为：

$$\nabla_j = \left[\frac{\partial E[e_j^2]}{\partial w_1}, \frac{\partial E[e_j^2]}{\partial w_2}, \cdots, \frac{\partial E[e_j^2]}{\partial w_N}\right]\bigg|_{W=W_j} \qquad (4-3-6)$$

因为某点的梯度方向是代表该点变化率最大的方向，在这里即是 $E[e_j^2]$ 下降最快的方向，因此这种方法称为最陡下降法。按式（4-3-1），当 $W_j \neq W^*$ 时，W_{j+1} 将以 ∇_j 的方向，即 $E[e_j^2]$ 最陡下降的方向向 W^* 靠拢，靠拢的步距由 u 确定。当达到 $E[e_j^2] \sim W$ 的最小点时，$\nabla_j = 0$，$W_{j+1} = W_j = W^*$。将式（4-3-6）中求导与求期望值次序对换，得：

$$\nabla_j = 2E\left[e_j\left(\frac{\partial e_j}{\partial w_1}, \frac{\partial e_j}{\partial w_2}, \cdots, \frac{\partial e_j}{\partial w_N}\right)^T\right] \qquad (4-3-7)$$

因为 $e_j = d_j - W^T X_j$，得：

$$\left(\frac{\partial e_j}{\partial w_1}, \frac{\partial e_j}{\partial w_2}, \cdots, \frac{\partial e_j}{\partial w_N}\right)^T = -X_j \qquad (4-3-8)$$

式（4-3-8）约束了 W 改变的走向，将式（4-3-8）代入式（4-3-7），得：

$$\nabla_j = -2E[e_j X_j] \qquad (4-3-9)$$

在实际应用中，为了便于实时求得∇_j，取单个误差样本的平方e_j^2的梯度作为均方误差梯度的估计。如用$\hat{\nabla}_j$表示∇_j的估计，则有

$$\hat{\nabla}_j = \left[\frac{\partial e_j^2}{\partial w_1}, \ \frac{\partial e_j^2}{\partial w_2}, \ \cdots, \ \frac{\partial e_j^2}{\partial w_N} \right]_{W=W_j}^{T} \qquad (4-3-10)$$

将式（4-3-8）代入式（4-3-10），则有

$$\hat{\nabla}_j = -2e_j X_j \qquad (4-3-11)$$

将式（4-3-11）和式（4-3-9）比较可得

$$E[\hat{\nabla}_j] = \nabla_j = -2E[e_j X_j] \qquad (4-3-12)$$

即$\hat{\nabla}_j$的期望值等于其真值∇_j，故这种对∇_j的估计是无偏估计。∇_j的估计值$\hat{\nabla}_j$是用$[e_j X_j]$的瞬时值代替它的期望值$E[e_j X_j]$得到的。于是，将$\hat{\nabla}_j$作为∇_j代入式（4-3-1）可得：

$$W_{j+1} = W_j - u\hat{\nabla}_j = W_j + 2u e_j X_j \qquad (4-3-13)$$

$$e_j = d_j - W_j^\tau X_j \qquad (4-3-14)$$

式（4-3-13）和式（4-3-14）的这种算法称为 Widrow-Hoff LMS 算法。这种算法易于用实时系统实现。

4.4　算法收敛条件讨论

在研究 LMS 滤波器算法的瞬态特性时，要考虑到式（4-3-13）的推导受到步长参数u的影响，当u的值选择在一定范围内时，LMS 算法将收敛于W^*。证明了这一点，也就证明了 LMS 算法的收敛特性，同时也就得出了 LMS 算法的控制特性。

为了讨论式（4-3-13）的收敛过程，首先假设在二次递推之间有充分的时间间隔，以致可认为二次输入信号X_j与X_{j+1}是不相关的，即

$$E[X_j X_{j+l}^\tau = 0] \qquad 当 l \neq 0 \qquad (4-4-1)$$

同时，由式（4-3-13）可知W_j仅是X_{j-1}，X_{j-2}，$\cdots$，X_0的函数，故W_j与X_j也不相关。

$$W_{j+1} = W_j + 2u e_j X_j = W_j + 2u[X_j(d_j - X_j^\tau W_j)] \qquad (4-4-2)$$

$$E[W_{j+1}] = E[W_j] + 2uE[d_jX_j] - 2uE[X_jX_j^\tau W_j] \qquad (4-4-3)$$

考虑到 W_j 与 X_j 不相关，则

$$E[X_jX_j^\tau W_j] = E[X_jX_j^\tau]E[W_j] \qquad (4-4-4)$$

将式（4-3-8）、式（4-3-9）代入式（4-4-3）可得：

$$E[W_{j+1}] = [I - 2uR]E[W_j] + 2uP \qquad (4-4-5)$$

设权矢量的初始值为 W_0，则由上式有

$$E[W_1] = [I - 2uR]E[W_0] + 2uP$$

$$E[W_2] = [I - 2uR]E[W_1] + 2uP$$

$$E[W_3] = [I - 2uR]^2E[W_0] + 2u[I - 2uR]P + 2uP$$

$$\vdots \qquad \qquad \vdots$$

$$E[W_{j+1}] = [I - 2uR]^{j+1}E[W_0] + 2u\sum_{i=0}^{j}[I - 2uR]^iP \qquad (4-4-6)$$

由于自相关矩阵是对称正定的二次型矩阵，可以通过正交变换化为标准型：

$$R = Q\Lambda Q^\tau \qquad (4-4-7)$$

这里 Q 是自相关矩阵 R 的正交矩阵，因此有

$$Q^\tau Q = I \quad 或 \quad Q^\tau = Q^{-1} \qquad (4-4-8)$$

Λ 是由 R 的特征值组成的对角矩阵

$$\Lambda = \begin{bmatrix} \lambda_1 & 0 & \cdots & 0 \\ 0 & \lambda_2 & \cdots & 0 \\ \vdots & \vdots & \cdots & \vdots \\ 0 & 0 & \cdots & \lambda_N \end{bmatrix} \qquad (4-4-9)$$

因此有

$$E[W_{j+1}] = Q[I - 2u\Lambda]Q^{-1}E[W_j] + 2uP$$

$$= Q[I - 2u\Lambda]^{j+1}Q^{-1}E[W_0] + 2uQ\sum_{i=0}^{j}[I - 2u\Lambda]^iQ^{-1}P \qquad (4-4-10)$$

上式要收敛必须满足

$$|1 - 2\mu\lambda_{max}| < 1 \quad 即 \quad 0 < \mu < \frac{1}{\lambda_{max}} \qquad (4-4-11)$$

只有当 μ 满足以上条件时，才有 $j \to \infty$，$[I - 2u\Lambda]^{j+1} \to 0$，该算法才能收敛并保持稳定。由于自相关矩阵 R 的特征值通常是预先未知的，用式（4-4-11）来确定 u 的范围是不现实的，然而 R 的迹 $tr[R]$ 等于其对角线上各元素之和，因此有

$$tr[R] = \sum_i [X_i^2] = \sum_i \lambda_i \qquad (4-4-12)$$

由于正定矩阵的各 λ 均大于零，故有：

$$\lambda_{\max} < \sum_i \lambda_i \qquad (4-4-13)$$

所以收敛的充分条件可以写成：

$$0 < u \leqslant \frac{1}{\sum\limits_{i=1}^{N} E[X_i^2]} \qquad (4-4-14)$$

而 $\sum\limits_{i=1}^{N} E[X_i^2]$ 等于信号的总输入功率，一般是已知的，因此可按上式选取 μ 值。

当 $j \to \infty$ 时，式（4-4-10）的第一项为零，因此有

$$\lim_{j \to \infty} E[W_{j+1}] = 2uQ \lim_{j \to \infty} \sum_{i=0}^{j} [I - 2u\Lambda]^i Q^{-1}P$$

$$= 2uQ \frac{1}{I - [I - 2u\Lambda]} Q^{-1}P = 2uQ \left[\frac{1}{2u}\Lambda^{-1}\right] Q^{-1}P$$

$$= Q\Lambda^{-1}Q^{-1}P = R^{-1}P = W^* \qquad (4-4-15)$$

可见，在满足收敛的条件下。这种递推算法最终将使 W 的集合平均 $E[W]$ 收敛于最佳权矢量 W^*。因此，这种算法是有效的。

下面以 W 为一维的情况进一步说明 u 是一个控制稳定性和收敛速度所参量。如图 4-4-1 所示，令 $\Delta W_j = W_j - W^*$，可以证明 ΔW_j 越大在该 W_j 点的斜率 ∇_j 越大，这是由于当用 $\hat{\nabla}_j$ 代替 ∇_j 时

$$\hat{\nabla}_j = \frac{\partial e_j^2}{\partial W_j} = 2e_j \frac{\partial e_j}{\partial W_j} = 2(d_j - W_j X_j)(-X_j)$$

$$= -2d_j X_j + 2W_j X_j^2 \qquad (4-4-16)$$

可见，$\hat{\nabla}_j \sim W_j$ 关系为一直线，如图 4 – 4 – 1（b）所示，其斜率为

$$\frac{\Delta \hat{\nabla}_j}{\Delta W_j} = \frac{\hat{\nabla}_j}{\Delta W_j} = 2X_j^2 \quad \text{或} \quad \hat{\nabla}_j = 2X_j^2 \Delta W_j$$

即 $\hat{\nabla}_j$ 正比于 ΔW_j。

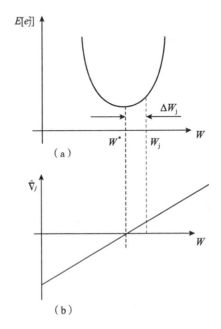

图 4 – 4 – 1　一维情况下的（a）$E\left[e_j^2\right] \sim W_j$；（b）$\hat{\nabla}_j \sim W_j$ 关系

而按式（4 – 3 – 1），每递推一次，W_j 向 W^* 靠拢一次，W_j 向 W^* 靠拢的量为：

$$\Delta W = W_j - W_{j+1} = u \hat{\nabla}_j = 2u x_j^2 \Delta W_j \qquad (4 – 4 – 17)$$

即每次修正的量 ΔW 正比于 ΔW_j，因此，显然有

（1）在 $\Delta W < \Delta W_j$ 的范围内的 u，当 u 选取越大，ΔW 越大，收敛越快。

（2）在 $\Delta W_j < \Delta W < 2\Delta W_j$ 的条件下的 u，最后仍可收敛于 W^*。这种情况称为欠阻尼情况。如图 4 – 4 – 2（a）所示。而情况（1）称为过阻尼情况。

（3）当 u 选得过大使 $\Delta W \geqslant 2\Delta W_j$ 时（正对应 $u \geqslant 1/\lambda_{\max}$），$W$ 将不能收敛于 W^*，发生分散（不稳定）的状态。如图 4 – 4 – 2（b）（$\Delta W = 2\Delta W_j$）及图 4 – 4 – 2（c）（$\Delta W > 2\Delta W_j$）所示。

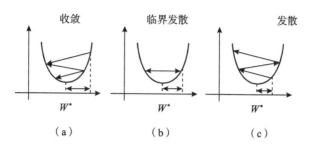

图 4-4-2 u 的大小对 LMS 算法收敛的影响

因此，u 是一个决定 LMS 算法稳定性和收敛速度的参量。

4.5 本章小结

综合分析上述推导过程，不难发现：

（1）自适应滤波前馈控制方法采用递推计算，无需任何等待，每采样一次就对控制器进行一次修正，因此可以达到很高的修正速率。高修正速率使得这一方法对非平稳振动响应具有较强的适应能力与跟踪能力，但其性能的进一步提高和充分发挥还需作大量的研究工作。

（2）自适应滤波前馈控制方法的进一步研究，应以提高控制器的跟踪能力为目标，从缩短收敛时间和提高控制精度两方面着手，在参考信号的选取、自适应控制算法收敛性的提高与计算量的降低、滤波器阶数的确定以及噪声对算法特性的影响等方面进行进一步的研究。

自适应控制设计法以响应要求为设计目标，对动力响应的主动控制来说是一种直接方法，作为自适应控制本身，还具有特殊的功能：能跟踪系统参数的变化，最小均方算法还具有在线识别的功能，因此大大拓宽了这类控制设计法的适用性。

第五章 滤波 – E LMS 自适应滤波控制算法

5.1 引 言

自适应前馈滤波 – e LMS（FELMS）算法由 Shmuel Shaffer 和 Charles S. Williams 在 1983 年提出[228]，其名称是由误差信号 e(t) 在权值矩阵更新以前先经过函数滤波而得名。

FELMS 算法和 FXLMS 算法以及 FULMS 算法的最大区别就是：FXLMS 算法和 FULMS 算法的误差信号 e(t) 直接用来进行对权值矩阵 W 的调节，而 FELMS 算法的误差信号 e(t) 在权值矩阵更新以前先经过函数滤波。

在很多实际应用当中，例如噪声控制，振动主动控制等，自适应滤波器常被置于一个未知的系统中，自适应滤波器的系数需要被调整直至得到所需求的传输函数。当所需求的传输函数是一个延迟且系统是不含噪声的时候，自适应滤波器的传输函数收敛于未知系统的一个近似的逆的延迟。

现有的一些算法大都假设不含噪声或者含有稳定的噪声，在这种情况下，基于 LMS 算法的 FXLMS 算法等可以收敛到一个最优值。但当外部噪声为一个非稳定信号时，LMS 算法将收敛到一个偏值。为解决这个问题，FELMS 算法便被提出用于得到一个无偏解。

5.2 滤波 – E LMS（FELMS）算法的提出

由于自适应控制算法不仅仅用于振动主动控制，在噪声控制等领域（active noise control）也有广泛应用，所以以下的讨论将不仅仅局限于振动主动控制领域，而是在更广泛的领域内进行讨论。

5.2.1　自适应均衡器

在通常的通信系统中，传输信号往往受通信信道和信道噪声的影响而产生失真。如图 5 – 2 – 1，传输信号和接收信号的关系可以用下式描述：

$$x(k) = y(k) + n(k) = \sum_{j=0}^{\infty} s(k-j)h_c(j) + n(k) \qquad (5-2-1)$$

其中，$x(k)$ 为接收到的信号，式中右边第一项为传输信号 $s(k)$ 和信道传输函数 $h_c(k)$ 的卷积，第二项为信道噪声，在这里假设信道噪声 $n(k)$ 和输入信号 $s(k)$ 不相关。同时假设信道导致的信号失真为线性的。

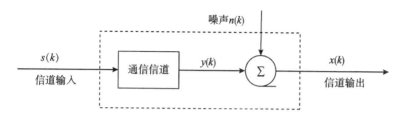

图 5 – 2 – 1　通信信道

输入信号和传输函数的卷积引起了输入信号的线性失真，这种线性失真可以在接收端用一个去卷积的滤波器即均衡器进行纠正，在理想的情况下，对于无噪声的情形，此均衡器的传输函数即为通道传输函数的逆。

通常我们使用自适应技术来构建这个均衡器，其基本结构及控制流程如图 5 – 2 – 2 所示。其由两个阶段组成：训练阶段和数据传输阶段。在训练阶段，一个已知序列 $s_T(k)$ 通过信道传输，训练序列 $u(k)$ 为序列 $s_T(k)$ 滤波后的值，可描述为：

$$u(k) = \sum_{j=0}^{\infty} h_M(k-j)s_T(j) \qquad (5-2-2)$$

其中，传输函数 $h_M(k)$ 常设为一个纯粹的时间延迟，均衡器误差 $e(k)$ 可表示为：

$$e(k) = u(k) - r(k) \qquad (5-2-3)$$

其中，$r(k)$ 为均衡器的输出。

用自适应算法调节均衡器参数，来使得均衡器误差 $e(k)$ 的最小均方值最小：

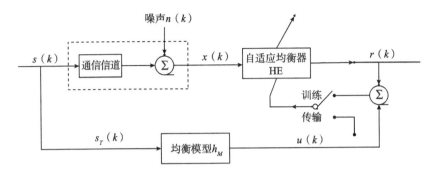

图 5 - 2 - 2　自适应均衡器图解

$$e(k) = s(k) \cdot [h_M - h_C(k) \cdot h_E(k)] + n(k) \cdot h_C(k) \quad (5 - 2 - 4)$$

其中 $s(k) \cdot [h_M - h_C(k) \cdot h_E(k)]$ 是无噪声的误差，$n(k) \cdot h_C(k)$ 为噪声部分，在训练阶段，自适应算法调整均衡器参数以使得均衡器误差最小。自适应标准如下：

$$E[u(k) - r(k)]^2 \to \min \quad imum \quad (5 - 2 - 5)$$

当信道中没有噪声时，最小化误差 $e(k)$ 即等于最小化受训信号和均衡器模型冲击响应之差的卷积。在这种情况下自适应标准变为：

$$E\{s(k) \cdot [h_M(k) - h_C(k) \cdot h_E(k)]\} \to \min \quad imum \quad (5 - 2 - 6)$$

其中，$\to \min imum$ 代表收敛于最小均方值。

从以上两式可以看出，自适应算法最小化的对象其实是以信号 $s_T(k)$ 为权值的差值：$h_\Delta(k) = h_C(k) \cdot h_E(k) - h_M(k)$。当 $h_\Delta(k) = 0$ 且 $h_M(k) = z^{-L}$ 为一个单纯的延迟的时候，均衡器的传输函数恰好等于信道传输函数的逆的延迟，这样，均衡器和信道的传输函数的综合即为一个延迟。

5.2.2　含噪声信道的自适应均衡器

据式（5 - 2 - 3），LMS 算法用于最小化均衡器误差 $e(k)$ 的均方，因此，均衡器收敛于一个维纳解：

$$H_E = R_X^{-1} P_X \quad (5 - 2 - 7)$$

其中，H_E 为均衡器参数矩阵，$H_E = [h_E(0), h_E(1), \cdots, h_E(l)]^T$。$R_X$ 为信道输出的自相关矩阵，$R_X = E[XX^T]$。$X_k = [x(k), x(k-1), \cdots, x(k+1-l)]^T$。$P_X$ 为信道输出和均衡器模型输出的互相关矩阵，$P_X = E[Xu]$，从图 5 - 2 - 1，可

以看出：

$$X_k = Y_k + N_k \tag{5-2-8}$$

其中，Y_k 是无噪音情形下的信道输出，$Y_k = [y(k), y(k-1), \cdots, y(k+1-l)]^T$。$N_k$ 为影响信道输出的额外的噪声部分，$N_k = [n(k), n(k-1), \cdots, n(k+1-l)]^T$。

利用以上两式，并假设输入 $s(k)$ 与噪声 $n(k)$ 不相关，可以发现自适应均衡器收敛于：

$$H_E = R_Y^{-1}P_Y - R_Y^{-1}R_N [R_Y^{-1}R_N + I]^{-1} R_Y^{-1}P_Y \tag{5-2-9}$$

其中，R_Y 为无噪声信道输出的自相关矩阵，$R_Y = E[YY^T]$，$R_N = E[YY^T]$。P_Y 为无噪声信道输出和均衡器模型输出的互相关矩阵，$P_Y = E[Yu]$。

方程（5-2-9）是理解自适应均衡器中信道噪声影响的关键，项 $R_Y^{-1}P_Y$ 给出了在无噪声情况下均衡器参数的解，这些参数的传输函数近似于信道传输函数逆的延迟。

第二项度量 $R_Y^{-1}R_N [R_Y^{-1}R_N + I]^{-1} R_Y^{-1}P_Y$ 噪声的作用，对于稳定噪声，这项十分有益，不但可以在训练阶段滤掉噪声，而且在数据传输阶段仍然能够有效地滤去噪声，从而减小误差。

但是，当噪声为非稳定噪声，即在训练阶段和噪声传输阶段的噪声信号不同时，在训练阶段可以滤掉噪声的均衡器可能就不会在信号传输阶段有效地去噪。因此可行的办法就是对接收到的信号进行去卷积，来消除信道的影响，项 $R_Y^{-1}R_N [R_Y^{-1}R_N + I]^{-1} R_Y^{-1}P_Y$ 即代表了离理想值的偏差。因此可以得出结论，单纯的 LMS 算法仅适用于针对稳定噪声的信道均衡器，当噪声不稳定时，它会收敛到一个偏值。

5.3　FELMS 算法流程分析

5.3.1　算法描述

为解决偏值的问题，引入 FELMS 算法，LMS 算法之所以会收敛到偏值是因为用于调整自适应均衡器的误差既包含输入信号又包含噪声信号，而这个偏值可以通过只适用信号部分自适应调整均衡器来移除。问题是，这种不含噪声的误差信号是无法实际获得的，但由于输入信号和噪声信号不相关，可以通过进行相应的估算来得到这种误差信号。

FELMS算法由两个阶段构成。第一步，先引入一个基本方案来用滤波后的误差信号自适应调整均衡器的参数，这部主要是为引入对误差信号滤波的概念，第二步再用这个基本的方案来构建FELMS算法。

使用对误差信号进行滤波的基本自适应算法如图5-3-1所示。在这个方案中我们使用两个相互关联的自适应滤波器：第一个滤波器估算出无噪声信号的误差信号，然后第二个滤波器使用第一步得出的去噪后的误差信号来调整均衡器以得到一个无偏解。

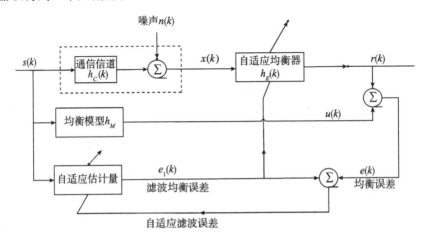

图5-3-1　基于滤波误差的自适应均衡器

为得到一个滤波误差，我们给出误差 $e(k)$ 的一个估计值，训练信号 $s_T(k)$ 已知，且假设噪声信号和输入信号不相关。由式（5-2-3）可知，$h_C(k) \cdot n(k)$ 的最佳估计值为0。因此，只有（5-2-3）式中的无噪声部分被重现，表示为：

$$e_1(k) = [e(k)]_s = s(k) \cdot [h_M - h_C(k) \cdot h_E(k)]_s \quad (5-3-1)$$

其中 $[e]_s$ 为 e 的最小均方估计值。

式（5-3-1）可以看出误差 $e(k)$ 的估计可以归结为对传输函数 $h_\Delta(k)$ 在训练信号 $s_T(k)$ 上的估计，当 $h_\Delta(k) = h_C(k)h_E(k) - h_M(k)$ 时，可获得 $h_\Delta(k)$ 较为理想的估计值，

$$[h_\Delta(k)]_s \rightarrow h_\Delta(k) \quad (5-3-2)$$

以及

$$e_1(k) = s(k) \cdot [h_M(k) - h_C(k) \cdot h_E(k)] \quad (5-3-3)$$

因此，通过最小化 $e_1(k)$ 的均方值，自适应算法调整均衡器的参数获得最优解。图 5 - 3 - 1 即以流程图的形式表现了式（5 - 3 - 1）的滤波器思想，其使用了两个自适应滤波器，第一个产生了关于输出误差的无噪声估计。这个滤波后的误差信号便调整自适应均衡器参数到信道模型的一个无偏的逆。尽管图 5 - 3 - 1 所示的自适应均衡器收敛到一个无偏解，其仍对自适应参数的选择十分敏感。

上述关于基本 FELMS 算法的讨论是为了引入对误差进行滤波的概念，参考模型的传输函数 $h_M(k)$ 已知。据式（5 - 3 - 2）和式（5 - 3 - 3）可得：

$$e_2(k) = s(k) \cdot \{h_M(k) - [h_C(k) \cdot h_E(k)]_S\} \qquad (5 - 3 - 4)$$

自适应滤波器 $[h_C(k) \cdot h_E(k)]_S$ 确定了信道 - 均衡器联合传输函数的参数。由于 $h_E(k)$ 是一个时变的滤波器，我们便又遇到了在基本 FELMS 算法跟踪不稳定参数时所面对的同样问题。

最后，我们注意到自适应均衡器 $h_E(k)$ 在每个时刻的参数值可以计算得出，因此，无需估计均衡器的参数，而可以聚焦于信道参数 h_C 的估计上。由式（5 - 3 - 4）可以得出：

$$e_3(k) = s(k) \cdot \{h_M(k) - [h_C(k)]_S \cdot h_E(k)\} \qquad (5 - 3 - 5)$$

与滤波器误差 $e_3(k)$ 相关的流程图见图 5 - 3 - 2。文献［229］显示，当 $[h_C(k)]_S$ 恰当地模拟了信道时，FELMS 算法调整均衡器参数得到一个无偏解而可以不计信道噪声的影响。

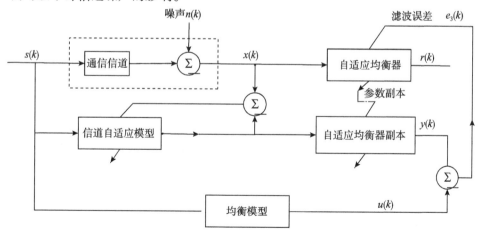

图 5 - 3 - 2　FELMS 算法流程图

5.3.2 振动主动控制 FELMS 算法实现

（1）单输入单输出（SISO）FELMS 算法

SISO FELMS 算法的具体实现在 Z 域中的结构图如下：

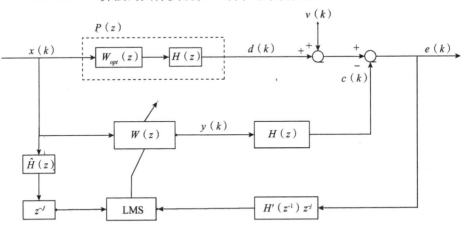

图 5 - 3 - 3   FELMS 算法结构图

图中，$P(z)$ 表示外激扰信号传输的主通道，$H(z)$ 为第二通道的传输函数，在 FELMS 算法中，误差信号 $e(k)$ 在参与调整权值 W 之前先由 $H'(z^{-1})z^{-J}$ 进行滤波，其中 J 为 $H(z)$ 的阶数，$H'(z^{-1})$ 表示第二通道传输函数 $H(z)$ 在时间上的逆，延迟 z^{-J} 的引入是为了恢复滤波运算的因果关系。抽头向量 $H(z)$ 和 $H'(z^{-1})$ 分别表示为 h 和 h'，抽头长度为 N_s，$J = N_s - 1$ 并假设 N_s 充分小于 $P(z)$ 的维数 N。自适应权值矩阵 $W(z)$ 的抽头向量表示为 $w(k)$，其抽头长度为 $N - N_s + 1$。

设

$$X(k) = [x(k), x(k-1), \cdots, x(k-N+1)]^T$$

$$Y(k) = [y(k), y(k-1), \cdots, y(k-P+1)]^T$$

$$W(k) = [w_1(k), w_2(k), \cdots, w_N(k)]^T$$

$$\hat{X}(k) = [\hat{x}(k), \hat{x}(k-1), \cdots, \hat{x}(k-N+1)]^T$$

$$H = [h_1, h_2, \cdots, h_P]^T$$

则由 FIR 滤波器特性，得控制器输入/输出关系：

$$Y(z) = W(z)X(z) \tag{5-3-6}$$

由 H 环节的结构模型特性，有以下关系：

$$\hat{X}(z) = \hat{H}(z)X(z) \qquad (5-3-7)$$

因此，k 时刻结构抵消响应残差为：

$$e(k) = d(k) - c(k) + v(k)$$

$$= d(k) - H^T Y(k) + v(k)$$

$$= d(k) - [h_1, h_2, \cdots, h_P][y(k), y(k-1), \cdots, y(k-P+1)]T + v(k)$$

$$= d(k) - \sum_{p=1}^{P} h_p y(k-p+1) + v(k)$$

$$= d(k) - \sum_{p=1}^{P} h_p X^T(k-p+1)W(k-p+1) + v(k)$$

$$= d(k) - \sum_{p=1}^{P} h_p \sum_{n=1}^{N} x(k-p-n+2)w_n(k-p+1) + v(k)$$

$$= d(k) - \sum_{n=1}^{N} \sum_{p=1}^{P} w_n(k-p+1)h_p x(k-p-n+2) + v(k) \qquad (5-3-8)$$

假定在一定的微量时间内权系数变化缓慢，因此可认为：

$$w_n(k) = w_n(k-1) = \cdots\cdots = w_n(k-P+1) \quad 其中 (n=1, 2, \cdots, N)$$

同时考虑（5-3-7）式，则（5-3-8）式可写为：

$$e(k) = d(k) - \sum_{n=1}^{N} w_n(k) \sum_{p=1}^{P} h_p x(k-p-n+2) + v(k)$$

$$= d(k) - \sum_{n=1}^{N} w_n(k) H_2^T X_1(k-n+1) + v(k)$$

$$= d(k) - \sum_{n=1}^{N} w_n(k)\hat{x}(k-n+1) + v(k)$$

$$= d(k) - \hat{X}^T(k)W(k) + v(k) \qquad (5-3-9)$$

自适应滤波器的自适应过程实质上就是寻求最优的 W^* 过程，并依据最小均方准则使误差的均方值达到极小。

即　$J_{min} = \min E\{e^2(k)\}$，设 $e^*(k) = d(k) - \hat{X}^T(k)W(k)$，则 $e(k) = e^*(k) + v(k)$

$$J = E[e^2(k)] = E[e^{*2}(k)] + 2E[e^*(k)v(k)] + E[v^2(k)]$$

设噪声均值为 0，得

$$J = E[e^2(k)] = E[e^{\times 2}(k)] + E[v^2(k)]$$

$$= E[d_k^2] + W_k^T E[\hat{X}_k \hat{X}_k^T] W_k - 2E[d_k \hat{X}_k^T] W_k + E[v_k^2]$$

$$= \beta + W_k^T R W_k - 2P W_k + V \qquad (5-3-10)$$

式中，$\beta = E[d_k^2]$，$V = E[v_k^2]$，R 为矢量 $\hat{X}(k)$ 的自相关矩阵，P 是 $d(k)$ 和 $\hat{X}(k)$ 间的互相关矢量。由（5-3-10）式可知，均方误差 $E[e^2(k)]$ 是 W_k 的二次函数，由于自相关矩阵 R 是正定对称的，所以此式的几何表示是一个开口向上的 N 维超抛物面，它只有总体极小，最优解 W^* 正是此抛物面的"碗底"。

令 $\nabla(k) = 0$，可解得 $W^* = P R^{-1}$，即当 $W_k = W^*$ 时 J 取得极小值 $J_{\min}$，这里 $\nabla(k)$ 表示均方误差的梯度，$\nabla(k) = \dfrac{\partial J}{\partial W}\Big|_{W=W(k)}$

为避免求相关矩阵及矩阵求逆，可由最陡下降法求解 W^*。按照这一方法，下一个权矢量 $W(k+1)$ 等于现在的权矢量 $W(k)$ 加一个正比于梯度 $\nabla(k)$ 的负值变化量。

同时，为简化计算，满足实时性要求，在运算中需要给出均方误差 $E[e^2(k)]$ 的估计值，在 FXLMS 算法中一般取单个误差样本的平方 $e^2(k)$ 的梯度作为均方误差 $E[e^2(k)]$ 梯度的估计，而在 FELMS 算法中，由于考虑外部非稳定噪声的影响，将单个误差样本经过滤波后的误差信号的平方 $\hat{e}^2(k)$ 的梯度作为均方误差 $E[e^2(k)]$ 梯度的估计，考虑到滤波运算的因果关系，可推导出如式（5-3-11）所示的权值递推过程。

$$W(k+1) = W(k) + 2\mu e'(k-J)\hat{X}'(k-J) \qquad (5-3-11)$$

其中 μ 为步长大小，$e'(k)$ 为经 $H'(z^{-1})$ 滤波后的误差信号，即：

$$e'(k) = \sum_{i=0}^{N_s-1} h'_i e(k+i) \qquad (5-3-12)$$

$\hat{X}'(k)$ 定义为 $\hat{X}'(k) = [\hat{x}(k), \hat{x}(k-1), \cdots, \hat{x}(k-N+N_s)]^T$，综上可得适用于结构振动 SISO 控制方式的 FELMS 算法过程为：

$$y(k) = X^T(k) W(k) \qquad (5-3-13)$$

$$e(k) = d(k) - \hat{X}^T(k) W(k) + v(k) \qquad (5-3-14)$$

$$e'(k) = \sum_{i=0}^{N_s-1} h'_i e(k+i) \qquad (5-3-15)$$

$$W(k+1) = W(k) + 2\mu e'(k-J)\hat{X}'(k-J) \qquad (5-3-16)$$

式中 μ 为控制算法稳定性和收敛性的步长因子。

（2）多输入多输出（MIMO）FELMS 算法

以下对采用 FELMS 算法进行结构振动响应的多输入 – 多输出（MIMO）控制予以描述。虽然采用这一控制方式对振动结构系统进行控制与采用单输入 – 单输出控制方式在原理上并无大的差别，但由于此时需考虑多个控制器和多个误差响应信号，因此不仅分析上相对复杂一些，而且具体实现上也较为困难，但这一控制方式可有效地抑制结构总体的振动响应水平。如图 5 – 3 – 4 为基于 MIMO 系统的 FELMS 算法结构图。

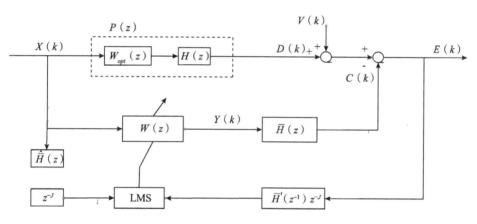

图 5 – 3 – 4　多通道 MIMO FELMS 算法结构图

图中 $X(k)$ 为 k 时刻的参考信号，考虑整个结构控制系统具有 M 个控制器和 L 个传感器，则 Y 为 M 维控制向量（对应 M 个控制器），C 为 L 维控制响应向量（即对应 L 个测点），D 为 L 维外扰响应向量，E 为 L 维抵消残差向量，$\overline{H}$ 为 $M \times N$ 维控制通道的结构系统特性矩阵。若 $\overline{H}$ 阵中对每一个元素均以 P 阶 FIR 滤波器形式予以描述，并设每一个控制器为 N 阶 FIR 滤波器，则分析过程如下：（以下推导过程中，若非特别指明，则变量表示与 SISO 系统相同）

设　$D(k) = [d_1(k), d_2(k), \cdots, d_L(k)]^T$

　　$E(k) = [e_1(k), e_2(k)\cdots, e_L(k)]^T$

另设　$Y(k) = [y_1(k), y_2(k), \cdots, y_M(k)]^T$

$$\overline{Y}(k) = \left[\overline{Y}_1(k), \overline{Y}_2(k), \cdots, \overline{Y}_M(k)\right]^T$$

其中　$\overline{Y}_i(k) = \left[y_i(k), y_i(k-1), \cdots, y_i(k-P+1)\right]^T$　$(i = 1, 2, \cdots, M)$

$y_i(k)$　为第 i 个控制器 k 时刻的输出

设　$W(k) = \left[W_1(k), W_2(k), \cdots, W_M(k)\right]^T$

其中　$W_i(k) = \left[w_{i1}(k), w_{i2}(k), \cdots, w_{iN}(k)\right]^T$　$(i = 1, 2, \cdots, M)$

可见，W 为一个 $M \times N$ 阶的控制器加权系数矩阵，W_i 为第 i 个控制器加权系数向量，w_{ij} 为第 i 个控制器加权系数向量的第 j 个元素。

控制器输入 – 输出关系可由下式表达：

$$\begin{bmatrix} y_1(k) \\ y_2(k) \\ \vdots \\ y_M(k) \end{bmatrix} = \begin{bmatrix} w_{11}(k) & w_{12}(k) & \cdots & w_{1N}(k) \\ w_{21}(k) & w_{22}(k) & \cdots & w_{2N}(k) \\ \cdots & \cdots & \cdots & \cdots \\ w_{M1}(k) & w_{M2}(k) & \cdots & w_{MN}(k) \end{bmatrix} \begin{bmatrix} x(k) \\ x(k-1) \\ \vdots \\ x(k-N+1) \end{bmatrix} \quad (5-3-17)$$

以矩阵形式表示即为：

$$Y(k) = W(k)X(k) \quad (5-3-18)$$

而对于受控结构抵消响应应残差向量，由图 5 – 3 – 4 可见，有下式关系：

$$E(k) = D(k) + C(k) + V(k) = D(k) + \overline{H}^T \overline{Y}(k) + V(k) \quad (5-3-19)$$

其中　$\overline{H} = \begin{bmatrix} H_{11} & H_{12} & \cdots & H_{1L} \\ H_{21} & H_{22} & \cdots & H_{2L} \\ \cdots & \cdots & \cdots & \cdots \\ H_{M1} & H_{M2} & \cdots & H_{ML} \end{bmatrix}$

$$H_{ij} = \left[h_{ij1}, h_{ij2}, \cdots, h_{ijP}\right] \quad (i = 1, 2, \cdots, M; j = 1, 2, \cdots, L)$$

这里 $\overline{H}$ 为 $M \times N$ 维控制通道的结构系统特性矩阵，H_{ij} 为受控结构上第 i 个作动器到第 j 个传感器之间的结构特性传递函数。

因此展开 (5 – 3 – 19) 式，可得：

$$\begin{bmatrix} e_1(k) \\ e_2(k) \\ \vdots \\ e_L(k) \end{bmatrix} = \begin{bmatrix} b_1(k) \\ b_2(k) \\ \vdots \\ b_L(k) \end{bmatrix} + \begin{bmatrix} H_{11} & H_{21} & \cdots & H_{M1} \\ H_{12} & H_{22} & \cdots & H_{M2} \\ \cdots & \cdots & \cdots & \cdots \\ H_{1L} & H_{2L} & \cdots & H_{ML} \end{bmatrix} \begin{bmatrix} \overline{Y}_1(k) \\ \overline{Y}_2(k) \\ \vdots \\ \overline{Y}_M(k) \end{bmatrix} + \begin{bmatrix} v_1(k) \\ v_2(k) \\ \vdots \\ v_L(k) \end{bmatrix} \quad (5-3-20)$$

若设 $l = 1, 2, \cdots, L$，则对（5 - 3 - 18）式分析如下：

$$e_l(k) = b_l(k) + H_{1l}\overline{Y}_1(k) + H_{2l}\overline{Y}_2(k) + \cdots + H_{Ml}\overline{Y}_M(k) + v_l(k)$$

$$= b_l(k) + \sum_{m=1}^{M} H_{ml}\overline{Y}_m(k) + v_l(k)$$

$$= b_l(k) + \sum_{m=1}^{M} [h_{ml1}, h_{ml2}, \cdots, h_{mlP}][y_m(k), y_m(k-1), \cdots, y_m(k-P+1)]^T + v_l(k)$$

$$= b_l(k) + \sum_{m=1}^{M} \sum_{p=1}^{P} h_{mlp} y_m(k-p+1) + v_l(k)$$

$$= b_l(k) + \sum_{m=1}^{M} \sum_{p=1}^{P} \sum_{n=1}^{N} h_{mlp} w_{mn}(k-p+1)x(k-p-n+2) + v_l(k)$$

$$= b_l(k) + \sum_{m=1}^{M} \sum_{n=1}^{N} \sum_{p=1}^{P} w_{mn}(k-p+1)h_{mlp}x(k-p-n+2) + v_l(k)$$

$$(5 - 3 - 21)$$

在此仍然假定在一定的微量时间内各个控制器的权系数变化缓慢，即认为：

$$w_{mn}(k) = w_{mn}(k-1) = \cdots\cdots = w_{mn}(k-P+1)$$

则（5 - 3 - 21）式可转化为：

$$e_l(k) = b_l(k) + \sum_{m=1}^{M} \sum_{n=1}^{N} w_{mn}(k) \sum_{p=1}^{P} h_{mlp}x(k-p-n+2) + v_l(k) \quad (5 - 3 - 22)$$

令　$r_{lm}(k) = \sum_{p=1}^{P} h_{mlp}x(k-p+1)$

则有　$r_{lm}(k-n+1) = \sum_{p=1}^{P} h_{mlp}x(k-p-n+2)$

因此（5 - 3 - 22）式为：

$$e_l(k) = b_l(k) + \sum_{m=1}^{M} \sum_{n=1}^{N} w_{mn}(k)r_{lm}(k-n+1) + v_l(k)$$

$$= b_l(k) + \sum_{m=1}^{M} [w_{m1}(k)r_{lm}(k) + w_{m2}(k)r_{lm}(k-1) + \cdots +$$

$$w_{mN}(k)r_{lm}(k-N+1) + v_l(k)]$$

$$= b_l(k) + \sum_{m=1}^{M} [r_{lm}(k), r_{lm}(k-1), \cdots, r_{lm}(k-N+1)]$$

$$[w_{m1}(k),w_{m2}(k),\cdots,w_{mN}(k)]^T + v_l(k)$$

$$= b_l(k) + \sum_{m=1}^{M} R_{lm}^T(k)W_m(k) + v_l(k)$$

$$= b_l(k) + R_{l1}^T(k)W_1(k) + R_{l2}^T(k)W_2(k) + \cdots + R_{lM}^T(k)W_M(k) + v_l(k)$$

$$= b_l(k) + [R_{l1}^T(k),R_{l2}^T(k),\cdots,R_{lM}^T(k)]$$

$$[W_1^T(k),W_2^T(k),\cdots,W_M^T(k)]^T + v_l(k)$$

$$= b_l(k) + \overline{R}_l^T(k)\overline{W}(k) + v_l(k) \tag{5-3-23}$$

考虑到 $l = 1,2,\cdots,L$，因此式（5-3-23）写成矩阵形式为：

$$E(k) = D(k) + \overline{R}(k)\overline{W}(k) + V(k) \tag{5-3-24}$$

式（5-3-24）中，

$$\overline{W}^T(k) = [W_1^T(k),W_2^T(k),\cdots,W_M^T(k)]$$

其中　$W_i^T(k) = [w_{i1}(k),w_{i2}(k),\cdots,w_{iN}(k)]$　　$(i = 1,2,\cdots M)$

可见，$\overline{W}(k)$ 为具有 $M \times N$ 个元素的列向量。

$$\overline{R}^T(k) = [\overline{R}_1(k),\overline{R}_2(k),\cdots,\overline{R}_L(k)]$$

其中　$\overline{R}_l^T(k) = [R_{l1}^T(k),R_{l2}^T(k),\cdots,R_{lM}^T(k)]$　　$(l = 1,2,\cdots,L)$

其中　$R_{lm}^T(k) = [r_{lm}(k),r_{lm}(k-1),\cdots,r_{lm}(k-N+1)]$　　$(m = 1,2,\cdots,M)$

其中　$r_{lm}(k) = H_{ml}X_1(k)$

$$= \sum_{p=1}^{P} h_{mlp}x(k-p+1)(l = 1,2,\cdots,L;m = 1,2,\cdots,M)$$

MIMO 控制方式的自适应控制过程，就是寻求最优的 $\overline{W}$ 过程，通过 M 个控制器输出控制信号于 M 个作动器，最终使受控结构 L 个测点处误差响应信号的均方值之和为最小。

因此取性能目标函数为：

$$J = E\{E^T(k)E(k)\} = E\{e_1^2(k) + e_2^2(k) + \cdots + e_L^2(k)\} \tag{5-3-25}$$

并令　$J_{min} = \min E\{e_1^2(k) + e_2^2(k) + \cdots + e_L^2(k)\}$

则依据最陡下降法，并对误差信号 $E(k)$ 进行滤波同样可推导得到基于 LMS 准则的寻求最佳权值递推公式。

$$
\begin{bmatrix} w_{11}(k+1) \\ w_{12}(k+1) \\ \vdots \\ w_{1N}(k+1) \\ w_{21}(k+1) \\ w_{22}(k+1) \\ \vdots \\ w_{2N}(k+1) \\ \vdots \\ \vdots \\ w_{M1}(k+1) \\ w_{M2}(k+1) \\ \vdots \\ w_{MN}(k+1) \end{bmatrix} = \begin{bmatrix} w_{11}(k) \\ w_{12}(k) \\ \vdots \\ w_{1N}(k) \\ w_{21}(k) \\ w_{22}(k) \\ \vdots \\ w_{2N}(k) \\ \vdots \\ \vdots \\ w_{M1}(k) \\ w_{M2}(k) \\ \vdots \\ w_{MN}(k) \end{bmatrix} + 2\mu \begin{bmatrix} r_{11}(k-J) & r_{21}(k-J) & \cdots & r_{L1}(k-J) \\ r_{11}(k-J-1) & r_{21}(k-J-1) & \cdots & r_{L1}(k-J-1) \\ \vdots & \vdots & & \vdots \\ r_{11}(k-J-N+1) & r_{21}(k-J-N+1) & \cdots & r_{L1}(k-J-N+1) \\ r_{12}(k-J) & r_{22}(k-J) & & r_{L2}(k-J) \\ r_{12}(k-J-1) & r_{22}(k-J-1) & \cdots & r_{L2}(k-J-1) \\ \vdots & \vdots & & \vdots \\ r_{12}(k-J-N+1) & r_{22}(k-J-N+1) & \cdots & r_{L2}(k-J-N+1) \\ \vdots & \vdots & \cdots & \vdots \\ \vdots & \vdots & & \vdots \\ r_{1M}(k-J) & r_{2M}(k-J) & \cdots & r_{LM}(k-J) \\ r_{1M}(k-J-1) & r_{2M}(k-J-1) & \cdots & r_{LM}(k-J-1) \\ \vdots & \vdots & & \vdots \\ r_{1M}(k-J-N+1) & r_{2M}(k-J-N+1) & \cdots & r_{LM}(k-J-N+1) \end{bmatrix} \begin{bmatrix} e'_1(k) \\ e'_2(k) \\ \vdots \\ \vdots \\ e'_L(k) \end{bmatrix}
$$

$$(5-3-26)$$

写成矩阵形式即为:

$$\overline{W}(k+1) = \overline{W}(k) + 2\mu \overline{R}^T(k-J) E'(k-J) \qquad (5-3-27)$$

由此, 得到适用于结构振动 MIMO 控制方式的自适应滤波前馈控制 FELMS 算法过程为:

$$Y(k) = W(k)X(k) \qquad (5-3-28)$$

$$E(k) = D(k) + \overline{R}(k)\overline{W}(k) + V(k) \qquad (5-3-29)$$

$$E'(k) = H'E(k+J) \qquad (5-3-30)$$

$$\overline{W}(k+1) = \overline{W}(k) + 2\mu \overline{R}^T(k-J) E'(k-J) \qquad (5-3-31)$$

式中 μ 为控制算法稳定性和收敛性的步长因子。

5.4　FELMS 算法稳定性分析

5.4.1　自适应滤波控制算法稳定性的常微分判据

考虑如下自适应算法

$$\theta(k+1) = \theta(k) + \mu h(\theta(k), x(k)) \qquad (5-4-1)$$

其中 θ 为一参数向量，x 为一随机输入信号，μ 为自适应参数。对应于式 (5-4-1) 的均值系统为：

$$\bar{\theta}(k+1) = \bar{\theta}(k) + \mu \tilde{h}(\bar{\theta}(k)) \qquad (5-4-2)$$

其中，$\tilde{h}(\bar{\theta}) = E[h(\theta, x(k)]$。(5-4-1) 式的收敛性能可以通过检测式 (5-4-2) 的收敛性得到。

从另一方面来说，对应于 (5-4-1) 的 ODE 由 $d\theta(t)/dt = \tilde{h}(\theta(t))$ 得出。假设 ODE 的平衡点存在且由 θ_* 表示。在通常情况下，如果导数矩阵 $H(\theta_*)$ 的特征值含有负实部且表示为

$$H(\theta_*) = \frac{d\tilde{h}(\theta)}{d\theta^T}\Big|_{\theta=\theta_*} \qquad (5-4-3)$$

且如果矩阵：

$$S(\theta) = \sum_{k=-\infty}^{\infty} E[h(\theta, x(k))h^T(\theta, x(0))] \qquad (5-4-4)$$

存在，$\mu^{-1/2}[\theta(k) - \theta_*]$ 就渐进收敛于一个 ($k\to\infty$ 且 $\mu\to 0$) 零均值正态分布的随机向量和一个相关矩阵 Y，皆为 Lyapunov 方程式 (5-4-5) 的解。

$$H(\theta_*)Y + YH^T(\theta_*) = -S(\theta_*) \qquad (5-4-5)$$

5.4.2　FELMS 算法稳定性分析

由图 5-3-3，误差信号 $e(k)$ 可以写为：

$$e(k) \approx p^T x(k) - (w(k)*h)^T x(k) + v(k) \qquad (5-4-6)$$

通过使用离散傅立叶变换（DFT）矩阵 $F = [\exp(-i2\pi lm/N)], l.m = 0, 1, \cdots, N-1, x(k), x'(k), p, h, \hat{h}, w(k)$ 的离散傅立叶变换可分别表示为 $X(k)$, $X'(k)$, P, H, $\hat{H}$, $W(k)$。于是式 (5-4-6) 可以写为：

$$e(k) \approx -\frac{1}{N}X^T(k)F(\Delta w(k)*h) + v(k) \qquad (5-4-7)$$

其中假设 $P(z) = W_{opt}(z)H(z)$，即 $p = w_{opt}*h$ 且 $\Delta w(k) = w(k) - w_{opt}$。由离散傅立叶变换的性质有：

$$e(k) \approx -\frac{1}{N}X^T(k)\Lambda h\Delta w(k) + v(k) \qquad (5-4-8)$$

其中 Λh 为一对角矩阵，定义为：$\Lambda h = \mathrm{diag}\left[H_0, H_1, \cdots, H_{N-1}\right]$，其中的每一项都与 H 中的项相对应。从式（5 - 4 - 8），$e(k)$ 的方差可以由下式计算：

$$E\left[\mid e(k)\mid^2\right] = \frac{1}{N^2}E\left[X^T\Lambda h\Delta W(k)\Delta W^T(k)\Lambda h^T X(k)\right] + \sigma_v^2 \qquad (5-4-9)$$

前面已经假设 $v(k)$ 为零均值的白噪声且方差 σ_v^2 与 $X(k)$ 以及 $\Delta W(k)$ 无关。又权值更新过程如下：

$$w(k+1) = w(k) + \mu x'(k-J)e'(k-J) \qquad (5-4-10)$$

对其进行离散傅立叶变换，得到如下的自适应算法：

$$\Delta W(k+1) = \Delta W(k) + \mu Fx'(k-J)e'(k-J)$$
$$= \Delta W(k) + \mu S(\Delta W(k-J), X(k), v(k)) \qquad (5-4-11)$$

这是一个关于初始自适应滤波器的离散频域响应的自适应（时变）算法。为对其进行分析，考虑关于式（5 - 4 - 11）的均值系统。将式（5 - 4 - 8）代入式（5 - 4 - 11），得到如下的估计式：

$$e'(k) \approx -\frac{1}{N}\sum_{j=0}^{N_S-1}\hat{h}_j X^T(k+j)\Lambda h\Delta W(k) + \sum_{j=0}^{N_S-1}\hat{h}_j v(k+j) \quad (5-4-12)$$

从上式和 $Fx'(k) \approx X(k)$，得在固定值 $\overline{\Delta W}(k)$ 时 $Fx'(k)e'(k)$ 的均值：

$$E\left[Fx'(k)e'(k)\right] = -\frac{1}{N}\sum_{j=0}^{N_S-1}\hat{h}_j E\left[X(k)X^T(k+j)\right]\Lambda h\overline{\Delta W}(k) \qquad (5-4-13)$$

$E\left[X(k)X^T(k+j)\right]$ 的第 (m, l) 个元素为：

$$E\left[X_m(k)X_l^T(k+j)\right] = e^{i\frac{2\pi l}{N}}E\left[\sum_{p=0}^{N-1}x(k-p)e^{-\frac{i2\pi pm}{N}}\sum_{q=-j}^{N-1-j}x(k-q)e^{\frac{i2\pi ql}{N}}\right]$$

$$(5-4-14)$$

其中 $X_m(k)$ 为 $X(k)$ 的第 m 个元素，从文献［230］中与时间序列的最终傅立叶变换累积量相关的定理，有：

$$E\left[X_m(k)X_l^T(k+j)\right] \approx e^{i\frac{2\pi ji}{N}}(N-j)f_x(w_l)\delta_{lm} \qquad (5-4-15)$$

其中 $f_x(w)$ 为输入信号的谱密度，$w_l = 2\pi l/N$。由于 j 的最大值，即 $N_s - 1$

比 N 足够小，式（5-4-15）可以进一步近似为：

$$E[X_m(k)X_l^T(k+j)] \approx e^{i\frac{2\pi ji}{N}}Q_l\delta_{lm} \qquad (5-4-16)$$

其中 Q_l 为 $Q \equiv E[X(k)X^T(k)]$ 的对角元素，并使用了近似式 $f_x(w) \approx Q_l/N$。由平稳过程的特性，$N \to \infty$ 时 $X(k)$ 的每个元素都互相独立，Q 近似为一个对角矩阵，$Q = diag[Q_0, Q_1, \cdots, Q_{N-1}]$。将式（5-4-16）代入式（5-4-13），相应于式（5-4-11）的平均系统为：

$$\Delta\overline{W}(k+1) = \Delta\overline{W}(k) - \frac{\mu}{N}Q\Lambda\hat{h}^T\Lambda h\Delta\overline{W}(k-J) \qquad (5-4-17)$$

其中 $\Lambda\hat{h} = diag[\hat{h}_0, \hat{h}_1, \cdots, \hat{h}_{N-1}]$。

式（5-4-17）中的矩阵都为对角阵，因此对 $\overline{W}(k)$ 的每个元素，式（5-4-17）可以分解为反馈方程。每个反馈方程的特征方程为 $z-1+\alpha_l z^{-J} = 0$，$l = 0, 1, \cdots, N-1$，其中 $\alpha_l = \mu\hat{H}_l^T Q_l H_l/N$。通过将 $z = 1 + \varepsilon$ 代入上式，便可得到一个近似解：$\varepsilon \approx -\alpha_l/(1-\alpha_l J) \approx -\alpha_l$，其中 $O(\mu^2)$ 和更高阶的项被舍去。在 $|1+\varepsilon| < 1$ 时，μ 的上界由下式得出：

$$\mu < \frac{2\mathrm{Re}[\hat{H}_l^T H_l]}{f_x(w_l)|\hat{H}_l^T H_l|^2}, \quad l = 0, 1, \cdots, N-1$$

这个边界考虑了 FXLMS 算法中的步长上界，为保证 μ 为正数，需要

$$\mathrm{Re}|\hat{H}_l^T H_l| > 0 \qquad (5-4-18)$$

这说明 $H(z)$ 和 $\hat{H}(z)$ 之间的相位差必须小于 $\pi/2$，这在 FXLMS 算法稳定性分析中也被考虑到[231]。

5.4.3 FELMS 和 FXLMS 算法性能比较

对应于式（5-4-11）的 ODE 为：

$$\frac{d\Delta W}{dt} = -\frac{1}{N}\Lambda h^T Q\Lambda h\Delta W \equiv \tilde{s}(\Delta W) \qquad (5-4-19)$$

并有平衡点 $\Delta W_* = 0$。

为得到 $\Delta W(k)$ 的相关矩阵，计算式（5-4-3）和式（5-4-4）中的两个矩阵。由式（5-4-19）可得 $H(\Delta W)$：

$$H(\Delta W) = -\frac{1}{N}\Lambda h^T Q \Lambda h \qquad (5-4-20)$$

在式（5-4-18）条件下这是一个稳定的矩阵，从式（5-4-11）和式（5-4-12），以及 $\Delta W_* = 0$，有

$$h[\Delta W_*, X(k), v(k)] = X'(k-J)\sum_{j=0}^{N_S-1}\hat{h}_j v(k-J+j) \qquad (5-4-21)$$

依据性质 $FF^T/N = I$，$H(\Delta W_*)$ 的第（m，m'）个元素可描述为：

$$\frac{1}{N^2}\sum_{K=-\infty}^{\infty} A_{mm'} e^{i(w_m-w_{m'})J}\sum_{j=0}^{N-1}\hat{H}_j\sum_{j*=0}^{N-1}\hat{H}_{j*}^T B_{jj*} e^{-i(w_m-w_j)k} e^{-i(w_j-w_{j*})J} \qquad (5-4-22)$$

其中：

$$A_{mm'} = E\Big[\sum_{p=-k+J}^{-k+N-N_S+J} x(-p)e^{-iw_m p}\sum_{p'=J}^{N-N_S+J} x(-p')e^{iw_m p'}\Big]$$

$$B_{jj'} = E\Big[\sum_{l=-k+J}^{-k+J-N_S+1} v(-l)e^{-iw_m l}\sum_{l'=J}^{J-N+1} x(-l')e^{iw_{m'}l'}\Big]$$

应用文献［230］中的理论并 $N_S \ll N$，可得下面的近似式：

$$A_{mm'} \approx \begin{cases} (N-|k|)f_x(w_m)\delta_{mm'} & |k|\leq N \\ 0 & 其他 \end{cases}$$

$$B_{jj'} \approx \begin{cases} (N-|k|)f_v(w_j)\delta_{jj'} & |k|\leq N \\ 0 & 其他 \end{cases}$$

其中 $f_v(w)$ 为外加噪声 $v(n)$ 的谱密度。应用上述近似，式（5-4-22）进一步近似为：

$$\frac{1}{N^2}\delta_{mm'}f_x(w_m)\sum_{j=0}^{N-1}\hat{H}_j\hat{H}_j^T f_v(w_j)\sum_{k=-N}^{N}(N-|k|)^2 e^{-i(w_m-w_j)k} \approx \frac{2}{3}Q_m\hat{H}_m\hat{H}_m^T f_v(w_m)\delta_{mm'}$$

$$(5-4-23)$$

其中，我们使用 $(2N/3)\delta_{mj}$ 作为 k 在 $N\to\infty$ 时加和的近似。由假设 $\{v(k)\}$ 为白噪声且方差为 σ_v^2，$f_v(w_m)$ 由 σ_v^2 代替。最终 $H(\Delta W_*)$ 可以近似表示为：

$$H(\Delta W_*) = \frac{2}{3}\sigma_v^2\Lambda\hat{h}^T Q\Lambda\hat{h} \qquad (5-4-24)$$

从 (5-4-20) 式和 (5-4-24) 式, (5-4-5) 式中 Lyapunov 方程的解为:

$$Y = diag\ [Y_0,\ Y_1,\ \cdots,\ Y_{N-1}],\ Y_l = \frac{N\sigma_v^2\ |\hat{H}_l|2}{3\mathrm{Re}\ [\hat{H}_l^*\ H_l]}$$

由 $E[\Delta W(k)\Delta W^T(k)] = \mu Y$,误差信号的方差可重新表示为:

$$E[|e(K)|^2] = \frac{1}{N^2}Tr[\Lambda h\mu Y\Lambda h^T Q] + \sigma_v^2 = \sigma_v^2(1 + \zeta\mu N) \qquad (5-4-25)$$

其中 $\zeta = \dfrac{1}{3N^2}\displaystyle\sum_{l=0}^{N-1}\dfrac{|\hat{H}_l H_l|^2 Q_l}{\mathrm{Re}[\hat{H}_l^T H_l]}$

同样的方法可以用来讨论 FXLMS 算法并可得到同样的 ODE 形式,但是没有 (5-4-24) 式中的系数 2/3,这个结果意味着 FELMS 算法的均值误差要小于 FXLMS 算法。

5.5 算法仿真分析

在该仿真试验中,选用环氧树脂板进行模拟太阳能帆板结构,主要参数为:弹性模量 = 65GPa,泊松比 = 0.3,密度 = 7500kg/m³;尺寸为 1540mm × 400mm × 1.5mm;并在板面上分布植入 PZT 压电传感/驱动网络。在该试验中,取传感器和作动器的数目都是 4 个,即 $M = L = 4$。

基于 ANSYS 软件对悬臂试验模型结构进行模态分析,表明结构振动主要集中于 100HZ 之内的中低频模态;通过自适应建模方法获得实测某路控制通道模型辨识矩阵 H_2^*。

在辨识信号选取时,考虑到模拟系统外部激扰、逼近真实通道模型的要求,选取近似外激扰的信号作为辨识激励信号。这里选取单频正弦信号激励受控结构,其频率为 35.9Hz,峰值为 2V。

由于辨识结果数据量较大,在此仅列举 DA1 - AD1 的传递通道向量辨识结果:

$H_2[1][1]$ = [0.0383, 0.0733, 0.0164, 0.0800; 0.0920, 0.0431, 0.0220, 0.0439; 0.0062, 0.0982, 0.0603, 0.0787; 0.0561, 0.0631, 0.0769, 0.0352]

因为实际振动中的能量有限,且主要集中于低频部分,故可以根据计算得出的一、二、三阶纯弯曲模态频率和纯扭转模态频率，分别输入信号。取其能量最集中的三阶纯弯曲频率的谐波信号输入，即 10.954 赫兹的正弦信号，进行振动控制仿真实验。则该输入信号可以表示为 $x(n) = \sin(2\pi n \times 10.954)$，

取参考信号为输入信号与反馈控制信号的叠加，考虑到参考信号采集传感器粘贴于激振源附近，并且远离控制作动器，故反馈控制信号较小，而激振信号较强。

取外部随机噪声为 rand（1）/10，得仿真结果如下：

由图 5 – 5 – 1 和图 5 – 5 – 2 可以看出 FXLMS 算法和 FELMS 算法的性能接近，而从前面的数学分析和仿真实验结果可知 FXLMS 算法和 FELMS 算法的收敛率是一致的，仅在前面的分析中，从 ODE 方法分析的角度 FELMS 算法较之 FXLMS 算法有一定的性能优势，尽管如此，由于在算法分析时假定传输通道为线性通道，以及实际振动控制过程中外部条件的复杂性，FELMS 算法的思路对于实际的振动控制仍具有极为重要的价值，对于自适应控制算法的完善和改进具有很大的启发意义。

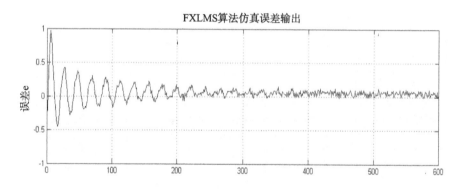

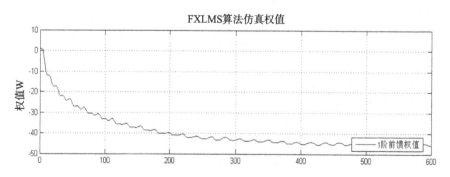

图 5 – 5 – 1 外部存在随机噪声情形下 FXLMS 仿真结果图

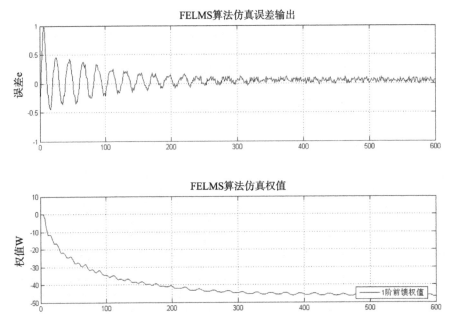

图5-5-2 外部存在随机噪声情形下 FELMS 仿真结果图

5.6 本章小结

本章以机敏压电太空帆板结构为模拟试验对象，针对振动控制过程中控制反馈信号对参考信号的影响，着重分析对于自适应控制过程中对误差信号进行滤波的 FELMS 自适应滤波振动控制方法。

仿真实验结果表明了 FELMS 自适应控制算法的有效性和可行性，与 FXLMS 算法在收敛率上是一致的，从 ODE 方法分析的角度 FELMS 算法较之 FXLMS 算法有一定的性能优势，尽管如此，由于我们在算法分析时假定传输通道为线性通道，以及实际振动控制过程中外部条件的复杂性，FELMS 算法的思路对于实际的振动控制仍具有极为重要的价值，对于自适应控制算法的完善和改进具有很大的启发意义。

第六章　有限脉冲响应自适应
滤波控制策略

6.1　引　言

对于基于有限脉冲响应滤波器（finite impulse response，FIR）的自适应滤波－X LMS（filtered-X least mean square，FXLMS）振动控制算法来讲，它具有收敛性好、计算量小、跟踪能力强的特点，但在算法过程中需要预知与外激扰信号相关的参考信号，考虑到实际的控制系统中，一般情况下很难预知外激扰信号并作为参考信号进入控制器算法进程。为解决这一问题，在某些参考文献中，提出在结构振动中直接嵌入一个参考传感器，但有些系统中无法安装参考传感器，再者，当参考传感器被损坏时，将使整个控制系统无法收敛；同时，在经典的自适应滤波－X LMS算法实施过程中，还存在一个控制通道模型参数辨识问题，一般可采用离线辨识策略获得控制通道模型参数，但也很大程度上导致该方法在工程实际应用时具有较大的不实现性。本章在确保算法控制良好的基础上，尽可能地以面向实现化为目标，针对上述所提及的问题进行研究，在经典的滤波－X算法基础上进行改进，以达到良好的振动控制目的。

6.2　自适应滤波－X LMS振动控制算法

基于有限脉冲响应（FIR）滤波器结构的滤波X最小均方差（FXLMS）算法以抵消外扰引起的受控对象振动响应为出发点，要求设计出这样的自适应滤波器，即控制信号输出通过作动器产生控制力作用于受控对象，使受控对象中对振动水平有一定要求的位置上的控制响应与外扰在这些位置上的响应相抵消，达到消除或降低受控对象振动水平的目的。自适应滤波前馈控制方法的核心是自适应算法，要保持结构的振动响应始终处于一个较低的水平，就必须要求自适应算法具有收敛性好、计算量小、跟踪能力强的特点。如图 6 - 2 - 1 所示为自适应滤波 - X LMS 振动控制算法结构图。

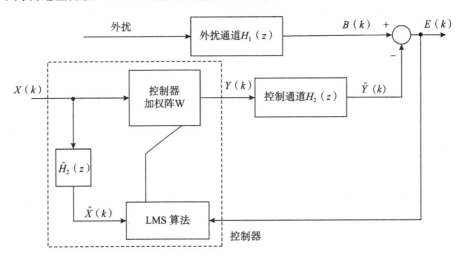

图 6 - 2 - 1　自适应滤波 - X LMS 振动控制算法结构图

图中 $H_1(z)$、$H_2(z)$ 分别为外扰通道、控制通道的结构模型参数向量集合，$X(k)$ 为 k 时刻的输入向量，即为参考信号，考虑整个结构控制系统具有 M 个控制器和 L 个传感器，则 $Y(k)$ 为 M 维控制器 k 时刻的输出向量，$\hat{Y}(k)$ 为 L 维控制响应向量（对应 L 个测点），$B(k)$ 为 L 维外扰响应向量，$E(k)$ 为 L 维抵消残差向量，$\hat{X}(k)$ 为 $X(k)$ 对 $\hat{H}_2$ 的滤波信号，$\hat{H}_2$ 为控制通道 H_2 的特性结构模型，若 $\hat{H}_2$ 矩阵中对每一个元素均以 F 阶 FIR 滤波器形式予以描述，并设每一个控制器为 N 阶 FIR 滤波器，则可知为对应 FIR 滤波器输入信号序列的 $M \times N$ 阶控制器加权系数矩阵，N 为该滤波器参考信号的阶数。

自适应滤波 - X LMS 振动控制算法大致可归纳为以下运算过程：

$$Y(k) = W(k)X(k) \tag{6-2-1}$$

$$E(k) = B(k) + \hat{X}(k)W(k) \tag{6-2-2}$$

$$W(k+1) = W(k) - \mu \hat{X}^T(k)E(k) \tag{6-2-3}$$

上式中，$W(k)$ 是 $M \times N$ 阶控制器加权系数矩阵，$\hat{X}(k)$ 为 $X(k)$ 经 $\hat{H}_2$ 环节得到：

$$W(k) = \begin{bmatrix} w_{10}(k) & w_{11}(k) & \cdots & w_{1N-1}(k) \\ w_{20}(k) & w_{21}(k) & \cdots & w_{2N-1}(k) \\ \cdots & \cdots & \ddots & \cdots \\ w_{M0}(k) & w_{M1}(k) & \cdots & w_{MN-1}(k) \end{bmatrix}$$

$$\hat{X}(k) = \begin{bmatrix} \hat{X}_{11}(k) & \hat{X}_{12}(k) & \cdots & \hat{X}_{1L}(k) \\ \hat{X}_{21}(k) & \hat{X}_{22}(k) & \cdots & \hat{X}_{2L}(k) \\ \cdots & \cdots & \hat{X}_{ml}(k) & \cdots \\ \hat{X}_{M1}(k) & \hat{X}_{M2}(k) & \cdots & \hat{X}_{ML}(k) \end{bmatrix}$$

其中，$\hat{X}_{ml}(k) = \left[\hat{x}_{ml}(k), \hat{x}_{ml}(k-1), \cdots, \hat{x}_{ml}(k-N+1) \right]$，$\hat{x}_{ml}(k-n+1) = \sum_{i=0}^{P-1} h_{mli} x(k-i-n+2)$。

6.3 改进型滤波 – X LMS 算法

滤波 – X 自适应控制算法在振动控制领域研究过程中获得广泛关注，并在方法分析与实验验证过程中取得了良好的效果，但该方法有两个重大缺陷，其一，在算法过程中需要预知与外激扰信号相关的参考信号，考虑到实际的控制系统中，一般情况下很难预知外激扰信号并作为参考信号进入控制器算法进程；其二，存在一个获知控制通道模型参数问题，在经典的自适应滤波振动控制方法中，一般采用离线辨识方法获取，考虑到受控结构的物理特性变化和系统特性的渐变性，将影响主动控制效果甚至引起控制系统发散；由于以上两点缺陷，导致经典的滤波 – X 自适应控制算法在实际适用性和实用性上存在很大问题。

6.3.1 基于滤波 – X 的参考信号自提取控制策略

针对参考信号难以事先预知的问题，结合自适应滤波振动控制方法的特点，着重研究参考信号直接从振动结构本身提取，具体方法是通过从振动结构中直接提取振动响应残差信号，进而基于控制器结构和算法过程数据构造出参考信号，满足与激扰信号的相关性并进入算法控制过程；参考信号自提取控制策略如图 6-3-1 所示，其中：$X(k)$ 为滤波器的输入，$Y(k)$ 为滤波器的输出，$E(k)$ 为传感器检测到的结构振动误差信号，$B(k)$ 为不施加控制信号时 k 时刻的结构振动情况，$\hat{B}(k)$ 为对 $B(k)$ 的一个估计。

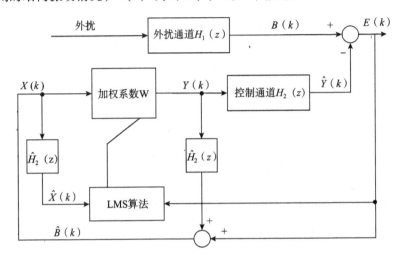

图 6-3-1　基于滤波 -X 的参考信号自提取自适应控制算法

由图 6-3-1 可知 $X(k) = \hat{B}(k)$，即参考信号 $X(k)$ 可以由误差信号 $E(k)$ 来获得对 $B(k)$ 的估计得出，具体如下：

$$B(k) = E(k) + H_2(z)Y(k) \qquad (6-3-1)$$

$$\hat{B}(k) = E(k) + \hat{H}_2(z)Y(k) \qquad (6-3-2)$$

根据式 (6-3-1)、式 (6-3-2) 可知，如果 $\hat{H}_2(z) \approx H_2(z)$，则 $\hat{B}(k) \approx B(k)$，即 $\hat{B}(k)$ 为原振动信号 $B(k)$ 的一个较好的估计，如果主通道 $H_1(z)$ 为线性通道，外扰信号与 $B(k)$ 信号线性相关，那么 $\hat{B}(k)$ 与外扰信号也线性相关，即参考信号 $\hat{B}(k)$ 与外扰信号线性相关，这样用 $\hat{B}(k)$ 作为参考信号 $X(k)$，在理论上是可行的。

为了表示方便，在上下文中均采用混合表示法，即若 $H(z) = \sum\limits_{k=-\infty}^{\infty} h_k z^{-k}$，则

$H(z)\nu(n) = \sum\limits_{k=-\infty}^{\infty} h_k \nu(n-k)$；特别地，若 $H(z)$ 为有限 F 阶，则 $H(z) =$

$\sum\limits_{k=0}^{P} h_k z^{-k}, H(z)\nu(n) = \sum\limits_{k=0}^{F} h_k \nu(n-k)$；令 $\hat{H}$ 为 $H(z)$ 的单位脉冲响应，则 $\hat{H} =$

$[h_0, h_1, \cdots, h_F]$。

对于具有 M 个控制器，L 个传感器的多输入多输出系统，则控制算法基本推理过程如下：

初始时刻（即在开始施加控制的前一刻），满足 $B(k) = E(k)$，可从具有 L 个通道的 $\hat{B}(k)$ 中任意取一个通道 $\hat{B}_l(k)$ 来估计 $X(k)$，由图 6-3-1 可知：

$$X(k) = \hat{B}_l(k) \tag{6-3-3}$$

则由 FIR 滤波器特性，得控制器输入/输出关系：

$$Y(k) = W(k)X(k) \tag{6-3-4}$$

由 H_2 环节的结构模型特性，有以下关系：

$$Z(k) = H(z)Y(k) \tag{6-3-5}$$

k 时刻结构抵消响应残差为：

$$E(k) = B(k) - \hat{Y}(k) \tag{6-3-6}$$

k 时刻 $\hat{B}(k)$ 估计函数为：

$$\hat{B}(k+1) = H(z)Y(k) + E(k) \tag{6-3-7}$$

由式（6-3-4）和式（6-3-7）联立得：

$X(k+1) = \hat{B}_l(k+1)$

$= e_l(k) + H_{l1}(z)y_1(k) + H_{l2}(z)y_2(k) + \cdots + H_{lL}(z)y_L(k) \tag{6-3-8}$

取性能目标函数为：

$$J = E\{E^T(k)E(k)\} = \{e_1^2(k) + e_2^2(k) + \cdots + e_L^2(k)\} \tag{6-3-9}$$

依据最陡下降法可推导得到基于 LMS 准则的最佳权值递推公式，写成矩阵形式即为：

$$W(k+1) = W(k) - \mu\hat{X}^T(k)E(k) \tag{6-3-10}$$

通过以上的简单推理，其控制算法可以大致概括为：

$$X(k) = \hat{B}_l(k) \qquad\qquad (6-3-11)$$

$$Y(k) = W(k)X(k) \qquad\qquad (6-3-12)$$

$$E(k) = B(k) + \hat{X}(k)W(k) \qquad\qquad (6-3-13)$$

$$W(k+1) = W(k) - \mu\hat{X}^T(k)E(k) \qquad\qquad (6-3-14)$$

其中 $E(k)$ 由压电传感器测到的信号经 AD 转换后得到。

6.3.2　基于滤波 − X 的控制通道在线辨识控制策略

在自适应滤波 − X 振动控制算法的实施过程，普遍存在一个获知控制通道模型参数问题（所谓的控制通道模型就是从控制信号到误差信号之间的传递函数，也常称之为误差通道模型或次级通道模型），若控制通道模型建立不当或辨识误差过大，将严重影响主动控制效果甚至引起控制系统发散，因此，控制通道模型的辨识策略和实现技术成为发挥其控制算法能效的重要环节之一。

上述滤波 − X 自适应振动控制算法在实施前，采用离线辨识策略对控制通道模型参数进行辨识，离线辨识策略具有实现简单和辨识结果可靠的优点，但实用性和适用性不强是其主要不足；考虑到受控结构的物理特性变化和系统特性渐变，针对控制通道模型在线实时辨识的振动控制算法的研究。将自适应滤波前馈控制基本结构与自适应辨识方法有机结合，构成一种具有控制通道在线辨识功能的结构振动自适应滤波控制器，基本思路是：控制器基本控制功能采用滤波 − X 算法结构，在线辨识部分采用以 FIR 滤波器结构描述控制通道模型，并在控制输出端引入随机噪声信号作为辨识输入信号，同时在控制器结构中增加一个控制通道自适应建模环节；当辨识环节控制器的输出与传感器误差信号叠加趋近一个恒定值时，可以认为在线辨识过程结束并获得了控制通道模型参数，如此可以根据结构振动控制过程的需要，不断实时在线辨识误差通道模型，并不断以新辨识出来的模型参数代入算法过程。基于滤波 − X 的在线辨识的控制算法结构如图 6 − 3 − 2 所示。

图 6 − 3 − 2 中，$H_1(z)$ 为外扰道传递函数，$H_2(z)$ 为误差通道传递函数，$\hat{H}_2(z)$ 为控制通道辨识模型，PM 为性能判别器，WM 为白噪声信号，$X(k)$ 为控制系统的参考信号，$\hat{X}(k)$ 为 $X(k)$ 经 $\hat{H}_2(z)$ 滤波的信号，$B(k)$ 为结构外激扰振动响应，$\tilde{X}(k)$ 为控制器输出，$\hat{Y}(k)$ 为作动器控制对传感测点的响

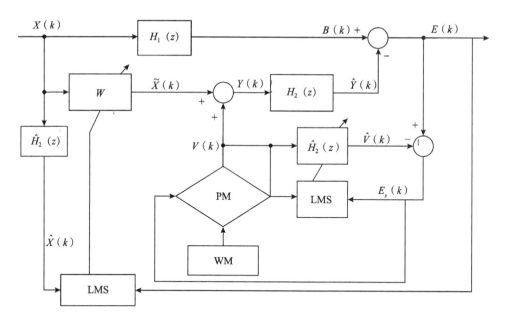

图 6 - 3 - 2 基于滤波 - X 的在线辨识的振动控制算法结构图

应，$E(k)$ 为控制过程的残差信号，$V(k)$ 为白噪声信号（即辨识环节输入信号），$\hat{V}(k)$ 为辨识环节输出，$E_s(k)$ 为辨识过程的残差信号。对于多输入多输出控制系统，设具有 M 个控制器，L 个传感器，FIR 滤波器的长度为 N，控制通道辨识模型滤波器长度为 P，则控制算法基本推导过程如下：

$$X(k) = \left[x(k), x(k-1), \cdots, x(k-n), \cdots, x(k-N+1) \right]^T \quad (6-3-15)$$

$$B(k) = \left[b_1(k), b_2(k), \cdots, b_L(k) \right]^T \quad (6-3-16)$$

$$E(k) = \left[e_1(k), e_2(k), \cdots, e_L(k) \right]^T \quad (6-3-17)$$

$$\tilde{X}(k) = \left[\tilde{X}_1(k), \tilde{X}_2(k), \cdots, \tilde{X}_m(k), \cdots, \tilde{X}_M(k) \right]^T \quad (6-3-18)$$

$$\tilde{X}_m(k) = \left[\tilde{x}_m(k-1), \cdots, \tilde{x}_m(k-n), \cdots, \tilde{x}_m(k-N) \right]^T \quad (6-3-19)$$

上式中，$m = 1, 2, \cdots, M$，$X(k)$ 为 k 时刻的参考信号 $x(k)$ 延迟 n （$n = 0, 1, \cdots, N-1$）时刻的输入样值集合所构成向量，$\tilde{X}_m(k)$ 为第 m 个通道延迟 n （$n = 1, 2, \cdots, N$）时刻的输出样值集合所构成向量，$\tilde{X}_m(k)$ 为所有 M 个作动器延迟 n （$n = 1, 2, \cdots, N$）时刻的输出样值集合所构成矩阵，$B(k)$、$E(k)$ 分别为 k 时刻的 L 个外激扰信号、L 个传感器信号。

$$W(k) = [W_1(k), W_2(k), \cdots, W_m(k), \cdots, W_M(k)]^T \quad (6-3-20)$$

$$W_m(k) = [w_{m1}(k), w_{m2}(k), \cdots, w_{mn}(k), \cdots, w_{mN}(k)] \quad (6-3-21)$$

从式（6-3-20）和式（6-3-21）可见，$W(k)$ 为一个 $M \times N$ 阶的控制器加权系数矩阵，$W_m(k)$ 为第 m 个控制器加权系数向量，w_{mn} 为第 m 个控制器加权系数向量的第 n 个元素。

控制器输入-输出关系可表达为：

$$
\begin{bmatrix} \tilde{X}_1(k) \\ \tilde{X}_2(k) \\ \vdots \\ \tilde{X}_M(k) \end{bmatrix} = \begin{bmatrix} w_{11}(k) & w_{12}(k) & \cdots & w_{1N}(k) \\ w_{21}(k) & w_{22}(k) & \cdots & w_{2N}(k) \\ \cdots & \cdots & \cdots & \cdots \\ w_{M1}(k) & w_{M2}(k) & \cdots & w_{MN}(k) \end{bmatrix} \begin{bmatrix} x(k) \\ x(k-1) \\ \vdots \\ x(k-N+1) \end{bmatrix} \quad (6-3-22)
$$

上式以矩阵形式表示即为：

$$\tilde{X}(k) = W(k)X(k) \quad (6-3-23)$$

$$Y(k) = \tilde{X}(k) + V(k) \quad (6-3-24)$$

式（6-3-24）中 $V(k)$ 为由 $v(k)$ 组成的 N 维向量。

对于受控结构抵消响应残差向量，由图 6-3-2 可见，有下式关系：

$$E(k) = B(k) - \hat{Y}(k) = B(k) - H_2^T Y(k) \quad (6-3-25)$$

其中

$$
H_2 = \begin{bmatrix} H_{11}^* & H_{12}^* & \cdots & H_{1L}^* \\ H_{21}^* & H_{22}^* & \cdots & H_{2L}^* \\ \cdots & \cdots & H_{ml}^* & \cdots \\ H_{M1}^* & H_{M2}^* & \cdots & H_{ML}^* \end{bmatrix}
$$

$$H_{ml}^* = [h_{ml1}, h_{ml2}, \cdots, h_{mlf}, \cdots, h_{mlF}] \quad (f=1, 2, \cdots, F)$$

这里 H_2 为 $M \times L$ 维控制通道的结构系统特性矩阵，H_{ml}^* 为受控结构上第 m 个作动器到第 l 个传感器之间的结构特性传递函数。

将式（6-3-25）展开，最终可以推导出：

$$E(k) = B(k) - \hat{X}(k)W(k) \qquad (6-3-26)$$

MIMO 控制方式的自适应控制过程，就是寻求最优的 W 过程，通过 M 个控制器输出控制信号于 M 个作动器，最终使受控结构 L 个测点处的误差响应信号均方值之和为最小。

因此取性能目标函数为：

$$J = E\{E^T(k)E(k)\} = E\{e_1^2(k) + e_2^2(k) + \cdots + e_L^2(k)\} \qquad (6-3-27)$$

并令 $J_{\min} = \min E\{e_1^2(k) + e_2^2(k) + \cdots + e_L^2(k)\}$

则依据最陡下降法可获得基于 LMS 准则的最佳权值递推公式，写成矩阵形式即为：

$$W(k+1) = W(k) - \mu\hat{X}^T(k)E(k) \qquad (6-3-28)$$

（6-3-28）式中 μ 为收敛因子，也称收敛步长。

针对辨识环节

$$\hat{U}(k) = \hat{H}_2(z)V(k) \qquad (6-3-29)$$

由图中可以得出

$$E_s(k) = E(k) - \hat{V}(k) \qquad (6-3-30)$$

运用上述推导式（6-3-28）同样方法，可得：

$$\hat{H}(z) = \hat{H}(z) - \beta E_s(k)V^T(k) \qquad (6-3-31)$$

（6-3-31）式中 β 为收敛因子，也称收敛步长。

基于上述过程，获得 MIMO 控制方式且控制通道模型在线辨识的控制算法过程为：

$$Y(k) = W(k)X(k) + V(k) \qquad (6-3-32)$$

$$E(k) = B(k) - \hat{X}(k)W(k) \qquad (6-3-33)$$

$$W(k+1) = W(k) - \mu E(k)\hat{X}^T(k) \qquad (6-3-34)$$

$$\hat{V}(k) = \hat{H}_2(z)V(k) \qquad (6-3-35)$$

$$E_s(k) = E(k) - \hat{V}(k) \qquad (6-3-36)$$

$$\hat{H}(z) = \hat{H}(z) + \beta E_s(k)V^T(k) \qquad (6-3-37)$$

单纯从控制算法角度分析,在控制输出端引入的随机噪声信号 $V(k)$,它必须在满足噪声信号 $V(k)$ 与参考信号 $X(k)$ 不相关的条件下,辨识滤波器 $\hat{H}_2(z)$ 方可收敛到其最优解 $H_2(z)$;反之,从辨识环节角度分析,控制环节的存在也对控制通道辨识环节产生一定的不利影响,严重时将导致辨识环节的不收敛。此外,随机噪声在误差信号 $E(k)$ 中一直存在,控制算法对其不起作用,导致噪声对主动控制过程中控制滤波器权值的调整产生影响,影响的大小与 $V(k)$ 的功率有关,当 $W(k)$ 逼近其最优值 W_{opt} 时,影响尤为显著。因此,所加噪声不能太大,但它也不能太小,否则建模的速度会很慢,甚至会不收敛。

6.4 算法仿真分析

6.4.1 自适应滤波 – X LMS 振动控制算法

针对自适应滤波 – X LMS 振动控制算法进行了仿真实验分析,仿真软件采用 Matlab7.1,激励源为频率 $f = 20.70\mathrm{Hz}$ 的正弦信号,参考信号直接取自于激励源信号,系统采样频率为 $f_c = 300\mathrm{Hz}$,步长收敛因子为 $\mu = 0.01$,自适应滤波器长度定义为 $N = 24$,假设实验模型结构的控制通道模型参数已知,这里模型参数取自于事先对实验模型结构采用离线自适应建模方法测得,取在模型结构上获得其中一路控制通道传递函数为 $H(z) = 0.0383 + 0.0772z^{-1} + 0.0925z^{-2} + 0.0451z^{-3}$;仿真实验结果如图 6 – 4 – 1 至图 6 – 4 – 4 所示,可以看出,自适应滤波 – X LMS 振动控制算法具有较好的控制效果,系统收敛过程比较平稳,收敛速度快。

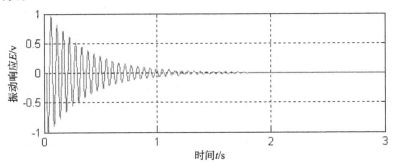

图 6 – 4 – 1 施加控制后的振动情况

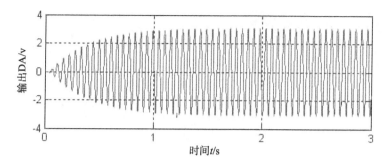

图 6 - 4 - 2　施加的控制信号

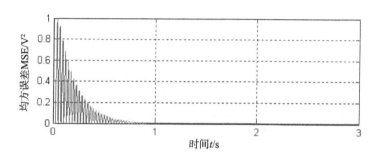

图 6 - 4 - 3　性能目标函数

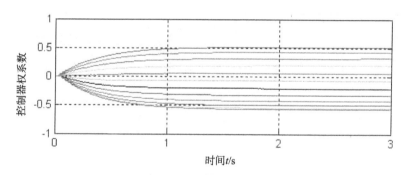

图 6 - 4 - 4　控制器权系数收敛曲线

6.4.2　基于滤波 - X 的参考信号自提取的振动控制算法

为了验证上述 6.3.1 节所提出算法的可行性和有效性，进行其仿真实验分析，为了与经典自适应滤波 - X LMS 控制算法进行比较，其实验方法与参数设置不变，利用 Matlab 仿真软件进行仿真实验，其实验结果如图 6 - 4 - 5 至图 6 - 4 - 8 所示，其结果与经典的滤波 - X LMS 算法相比，收敛速度略慢，但控制效果良好，通过牺牲收敛速度来换取算法的实用性，还是值得的。

　　为了进一步验证算法的有效性，从功率谱角度进行实验分析，相对上面仿真实验，基本保持实验条件和参数设置，为使仿真实验更加接近实际，采用正弦信号加随机噪声混合信号作为激励源，随机噪声方差值取 0.01，所得施加控制算法前后的结构响应功率谱如图 6 - 4 - 9 和图 6 - 4 - 10 所示，从图 6 - 4 - 9 可以看出，混合信号的主要分量的频率为 20.70Hz，同时也包含了众多的谐波分量，从施加控制算法后所得图 6 - 4 - 10 可知，在施加控制后，不但降低了主频率的幅度，同时在一定程度上也降低了谐波分量。

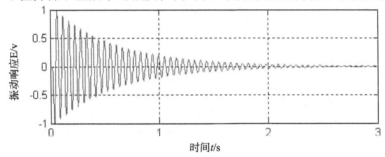

图 6 - 4 - 5　施加控制后的振动情况

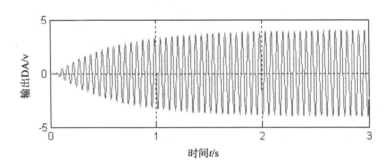

图 6 - 4 - 6　施加的控制信号

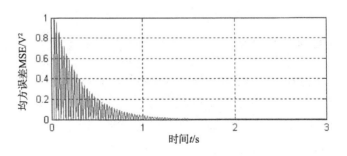

图 6 - 4 - 7　性能目标函数（MSE）

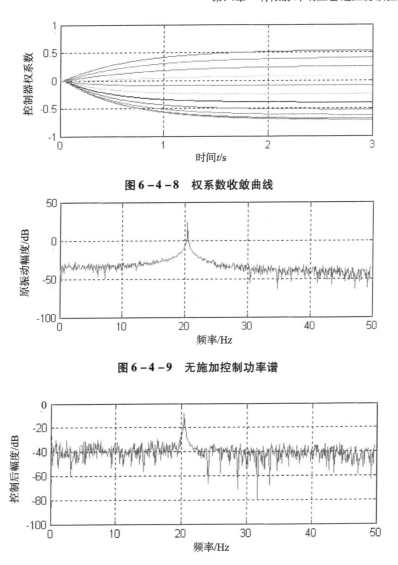

图 6 - 4 - 8　权系数收敛曲线

图 6 - 4 - 9　无施加控制功率谱

图 6 - 4 - 10　施加控制后功率谱

6.4.3　基于滤波 - X 的控制通道在线辨识的自适应控制算法

针对控制通道模型参数的在线辨识问题，6.3.2 节给出了一种方法，为验证其算法的有效性，利用 Matlab 仿真软件进行实验，具体实验参数为：激励源为频率 $f = 20.70\text{Hz}$ 的正弦信号，参考信号直接取自于激励源信号，系统采样频率为 $f_c = 300\text{Hz}$，控制环节：步长收敛因子为 $\mu = 0.01$，自适应滤波器长度

为 $N_1 = 24$；在线辨识环节：步长收敛因子 $\beta = 0.005$，辨识滤波器的长度也为 $N_2 = 24$，加入白噪声信号方差值为 0.4；仿真实验结果如图 6 – 4 – 11 至图 6 – 4 – 14 所示，其实验结果表明受控通道在线建模的收敛速度，远小于离线建模的收敛速度，但控制效果仍能达到抑制振动效果的目的，通过牺牲收敛速度来换取算法的实用性，还是值得的。

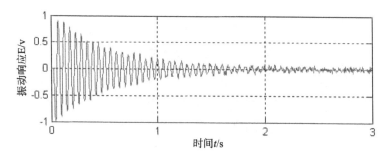

图 6 – 4 – 11　施加控制后的振动情况

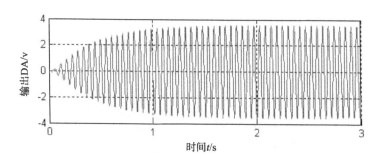

图 6 – 4 – 12　施加的控制信号

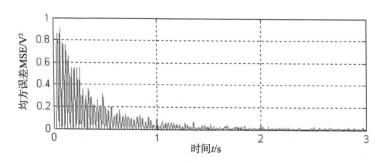

图 6 – 4 – 13　性能目标函数

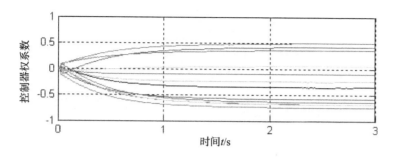

图6-4-14　控制器权系数收敛曲线

6.5　本章小结

由于自适应滤波控制技术的先进性与潜在的技术优越性，人们对其在智能结构中的应用赋予很大的期望，但目前这方面的研究还处于初级阶段，尚缺乏比较系统的理论分析与实际应用。本章从自适应滤波－X LMS振动控制算法存在的问题出发，分别从参考信号自提取算法和控制通道在线辨识策略入手，改进了自适应滤波－X LMS振动控制方法，经过仿真分析，所改进的算法控制效果良好。本章主要研究工作包括：

（1）在确保振动控制算法控制效果良好的基础上，提出了一种基于滤波－X改进型的参考信号自提取振动控制算法，着重考虑通过从振动结构中直接提取振动响应残差信号，进而基于控制器结构和算法过程数据构造出参考信号，满足与激扰信号的相关性并进入算法控制过程。经过仿真分析和实验验证表明：所提出改进的控制算法控制效果良好，不仅实现了参考信号的振动结构直接提取策略，并具有较快的收敛速度和良好的控制效果。

（2）在自适应滤波－X LMS算法的基础上，将离线辨识策略应用在其算法控制过程中，从而实现控制通道在线实时辨识的目标，大致思路为：控制器基本控制功能采用经典的滤波－X LMS算法结构，在线辨识部分采用以FIR滤波器结构描述控制通道模型，并在控制输出端引入随机噪声信号作为辨识输入信号，同时在控制器结构中增加一个控制通道自适应建模环节，从而实现了控制通道在线辨识的振动控制算法。经过仿真和实验验证表明，本书所提的在线辨识控制算法控制效果良好，为进一步深入实用化研究奠定了基础。

第七章 无限脉冲响应自适应滤波控制策略

7.1 引 言

在基于自适应滤波 – X 结构的控制算法中，传输函数是全零点的结构，也就说整个控制算法没有考虑控制输出信号的反馈对参考信号的影响，而在实际的系统中这种影响是不能忽略的。基于无限脉冲响应滤波器（IIR）的自适应滤波 – U 结构的控制算法中，其传输函数是一个既有零点又包含极点的结构，它可以在一定程度上解决振动反馈可能带来的控制系统不稳定问题。本书以自适应滤波 – U LMS 算法为基础，分别针对参考信号自提和控制通道在线辨识问题进行研究，将滤波 – U LMS 向实用性进行改进；同时对本书所述算法的核心内容 LMS 进行性能分析，在此基础上对控制方法与相关算法进行了深入的 Matlab 仿真研究和分析，详细讨论了仿真实验效果并获得方法的实现特性。

7.2 自适应滤波 – U LMS 振动控制算法

7.2.1 滤波 – U 最小均方算法概述

滤波 – U 最小均方差（filtered-U least mean square）算法由 L. J. Eriksson 于 1987 年提出，与自适应滤波 – X LMS 振动控制算法相比，其不同之处为滤波器结构不同，即滤波 – X LMS 算法采用 FIR 滤波器结构，而滤波 – U LMS 算法采用 IIR 滤波器结构。FIR 滤波器结构的传输函数是一个全零点的结构，由于控制输出信号对参考信号的影响反映在传输函数的极点上，因此，FIR 滤波器结构无法调节控制输出信号的反馈对参考信号的影响；相对于 FIR 结构的 IIR

滤波器，由于其本身自有的零—极点结构，在干扰源不可测或受振动反馈影响的情况下，可以有效地解决振动反馈可能带来的控制系统的不稳定问题，同时，它能以较低阶数实现受控系统的控制器建模，因此面对结构振动主动控制器设计，使用基于 IIR 滤波器的自适应算法能够节省较多计算量。

IIR 滤波器结构的输入输出关系定义为：

$$y(k) = \sum_{i=0}^{M} w_i(k)x(k-i) + \sum_{i=1}^{N} d_i(k)y(k-i) \qquad (7-2-1)$$

其转移函数可表示为：

$$H(z) = \frac{W(z)}{1 - D(z)} \qquad (7-2-2)$$

式中 $W(z)$ 和 $D(z)$ 分别表示为：

$$W(z) = \sum_{i=0}^{P} w_i z^{-i}, \quad D(z) = \sum_{i=0}^{Q} d_i z^{-i} \qquad (7-2-3)$$

从其转移函数的表达式就可以明显地看出其包含零点和极点。而且在实际振动控制过程中，参考信号传感器所提取的参考信号都会含有控制输出信号的成分，控制输出的反馈信号导致了模型中包含了极点。单用仅含有零点的基于 FIR 结构的算法模型已经不能很好地描述实际的振动控制过程。因此选择既包含零点也包含极点的基于 IIR 滤波器结构的 LMS 算法模型就显得更具实际意义。

7.2.2 自适应滤波 – U LMS 振动控制算法

滤波 – U LMS 算法结构如图 7 – 2 – 1 所示，为了进行详细的给出算法流程过程，设该控制系统具有 M 个控制器和 L 个传感器，外扰输入信号经过外扰通道 H_1 之后产生受控对象 L 维的外激扰响应输出向量 $B(k)$，$E(k)$ 为受控对象 L 维响应误差输出向量（对应 L 个传感器），无控时，$B(k) = E(k)$；$X(k)$ 为参考信号，应当与原始外扰输入信号有较高的相关性；$Y(k)$ 为 M 维控制器 k 时刻的输出向量（对应 M 个控制器）；H_1，H_2 分别为描述外扰通道和控制通道特性的结构模型参数向量，$\hat{H}_2$ 为 H_2 的识别模型参数矩阵，是 $M \times L$ 维，其中每个元素都是 F 维向量，表示每个滤波器通道都选择 F 阶 FIR 滤波器描述结构模型。

W 是一个对应 FIR 滤波器输入信号序列的控制器加权系数矩阵，是一个

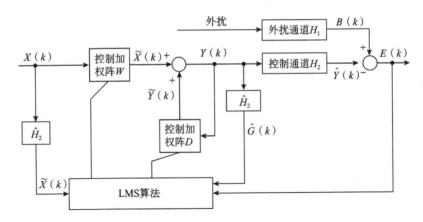

图 7 – 2 – 1　自适应滤波 – U LMS 振动控制算法结构图

$M \times P$ 阶的矩阵，P 是该滤波器参考信号的阶数，W_i 为第 i 个控制器加权系数向量；D 是一个对应 Q 阶 FIR 滤波器控制信号序列系数的加权系数矩阵，为 $M \times Q$ 维矩阵；$\hat{X}(k)$ 为滤波 – x 信号矩阵，由 $X(k)$ 经 $\hat{H}_2$ 环节得到，$\hat{G}(k)$ 也是滤波 – x 信号矩阵，由 $Y(k)$ 经 $\hat{H}_2$ 环节得到。

为解释方便，首先列出单通道控制输出，其控制输出 $Y(k)$ 由权值矩阵 $\hat{W}(k)$ 和输入向量 $U(k)$ 得出：

$$Y(k) = \hat{W}^T(k) U(k) \tag{7 – 2 – 4}$$

式 (7 – 2 – 4) 中 $\hat{W}(k)$ 和 $U(k)$ 分别为

$$\hat{W}(k) = [w_0(k), w_1(k), \cdots, w_p(k), d_0(k), d_1(k), \cdots, d_q(k)]^T \tag{7 – 2 – 5}$$

$$U(k) = [x(k), \cdots, x(k - p), y(k - 1), \cdots, y(k - q)]^T \tag{7 – 2 – 6}$$

其中 $x(k-p)$ 为 $x(k)$ 的 p 阶延迟输入，$y(k-q)$ 为 $y(k)$ 的 q 阶延迟输出，p 和 q 为延迟量，取值范围为 $p = 0$，1，$\cdots$，$P - 1$，$q = 1$，2，$\cdots$，Q；类似于滤波 – X LMS 算法的得名，依据输入向量 $U(k)$ 的命名，该算法常被称为滤波 – U LMS 算法。

同单通道控制算法类似，具有一个参考信号，M 个控制通道，L 个传感通道的多通道滤波 – U LMS 算法推导过程简列如下：

$$X(k) = [x(k), x(k - 1), \cdots, x(k - p) \cdots, x(k - P + 1)]^T \tag{7 – 2 – 7}$$

$$Y(k) = [y_1(k), y_2(k), \cdots, y_m(k), \cdots, y_M(k)]^T \tag{7 – 2 – 8}$$

$$\overline{Y}(k) = \left[\overline{Y}_1(k), \overline{Y}_2(k), \cdots, \overline{Y}_m(k), \cdots, \overline{Y}_M(k)\right]^T \qquad (7-2-9)$$

其中：

$$\overline{Y}_m(k) = \left[y_m(k-1), y_m(k-2), \cdots, y_m(k-q), \cdots, y_m(k-Q)\right]^T$$
$$m = 1, 2, \cdots, M \qquad (7-2-10)$$

上式中，$X(k)$ 为 k 时刻的参考信号 $x(k)$ 延迟 p（$p = 0, 1, \cdots, P-1$）时刻的输入样值集合所构成向量，$\overline{Y}_m(k)$ 为第 m 个通道延迟 q（$q = 1, 2, \cdots, Q$）时刻的输出样值集合所构成向量，$\overline{Y}(k)$ 为所有 M 个控制通道延迟 q（$q = 1, 2, \cdots, Q$）时刻的输出样值集合所构成矩阵。

$$E(k) = \left[e_1(k), e_2(k), \cdots, e_l(k), \cdots, e_L(k)\right]^T \quad l = 1, 2, \cdots, L \quad (7-2-11)$$

$$W(k) = \begin{bmatrix} w_{10}(k) & w_{11}(k) & \cdots & w_{1P-1}(k) \\ w_{20}(k) & w_{21}(k) & \cdots & w_{2P-1}(k) \\ \cdots & \cdots & w_{mp}(k) & \cdots \\ w_{M0}(k) & w_{M1}(k) & \cdots & w_{MP-1}(k) \end{bmatrix} \qquad (7-2-12)$$

$$D(k) = \begin{bmatrix} d_{11}(k) & d_{12}(k) & \cdots & d_{1Q}(k) \\ d_{21}(k) & d_{22}(k) & \cdots & d_{2Q}(k) \\ \cdots & \cdots & d_{mq}(k) & \cdots \\ d_{M1}(k) & d_{M2}(k) & \cdots & d_{MQ}(k) \end{bmatrix} \qquad (7-2-13)$$

$$\hat{X}(k) = \begin{bmatrix} \hat{X}_{11}(k) & \hat{X}_{12}(k) & \cdots & \hat{X}_{1L}(k) \\ \hat{X}_{21}(k) & \hat{X}_{22}(k) & \cdots & \hat{X}_{2L}(k) \\ \cdots & \cdots & \hat{X}_{ml}(k) & \cdots \\ \hat{X}_{M1}(k) & \hat{X}_{M2}(k) & \cdots & \hat{X}_{ML}(k) \end{bmatrix} \qquad (7-2-14)$$

其中 $\hat{X}_{ml}(k) = \left[\hat{x}_{ml}(k), \hat{x}_{ml}(k-1), \cdots, \hat{x}_{ml}(k-P+1)\right]$

$\hat{x}_{ml}(k-p+1) = \displaystyle\sum_{i=0}^{P-1} h_{mli} x(k-i-p+2)$，式中：$m = 1, 2, \cdots, M$，$l = 1, 2, \cdots, L$。

$$\hat{G}(k) = \begin{bmatrix} \hat{G}_{11}(k) & \hat{G}_{12}(k) & \cdots & \hat{G}_{1L}(k) \\ \hat{G}_{21}(k) & \hat{G}_{22}(k) & \cdots & \hat{G}_{2L}(k) \\ \cdots & \cdots & \hat{G}_{ml}(k) & \cdots \\ \hat{G}_{M1}(k) & \hat{G}_{M2}(k) & \cdots & \hat{G}_{ML}(k) \end{bmatrix} \qquad (7-2-15)$$

其中：$\hat{G}_{ml}(k) = [\hat{g}_{ml}(k), \hat{g}_{ml}(k-1), \cdots, \hat{g}_{ml}(k-Q+1)]$

$$\hat{g}_{ml}(k-q+1) = \sum_{i=1}^{Q} h_{mli} y(k-i-q+1)$$

式中：$m = 1, 2, \cdots, M, l = 1, 2, \cdots, L$。

式（7-2-12）中 $W(k)$ 是 $M \times P$ 阶控制器加权系数矩阵，P 为滤波器参考信号的阶数，$w_{mp}(k)$ 为第 k 时刻的前馈滤波器第 m 个控制器加权系数向量的第 p 阶元素；$D(k)$ 是 $M \times Q$ 阶的加权系数矩阵，$d_{mq}(k)$ 为第 k 时刻的反馈滤波器第 m 个控制器输出信号加权系数向量的第 q 阶元素，$w_{mp}(k)$ 和 $d_{mq}(k)$ 初始值取 $-1 \sim +1$ 范围内的随机数。

$\hat{H}_2$ 为 H_2 的 $M \times L$ 维辨识模型参数矩阵，定义如下：

$$\hat{H}_2 = \begin{bmatrix} H_{11} & H_{12} & \cdots & H_{1L} \\ H_{21} & H_{22} & \cdots & H_{2L} \\ \cdots & \cdots & H_{ml} & \cdots \\ H_{M1} & H_{M2} & \cdots & H_{ML} \end{bmatrix} \qquad (7-2-16)$$

式（7-2-16）中，$H_{ml} = [h_{ml1}, h_{ml2}, \cdots, h_{mlf}, \cdots, h_{mlF}]$，其中：$f = 1, 2, \cdots, F, F$ 为模型辨识过程中，根据辨识精度要求，而人为定义的辨识模型描述阶数。

根据上述式（7-2-4）至式（7-2-16），可得受控对象响应误差输出为：

$$E(k) = B(k) - \hat{Y}(k) \qquad (7-2-17)$$

$$\hat{Y}(k) = [W(k)X(k) + D(k)Y(k)]H_2$$

$$= W(k)\hat{X}(k)^T + D(k)\hat{G}(k)^T \qquad (7-2-18)$$

控制过程实质上就是寻求最优的 W 和 D 过程，并依据最小均方准则使 L

个误差信号的均方值达到极小。根据 LMS 算法准则，取性能目标函数为：

$$J = E\{E^T(k)E(k)\} = E\{e_1^2(k) + e_2^2(k) + \cdots + e_L^2(k)\} \qquad (7-2-19)$$

令 $J_{\min} = \min E\{e_1^2(k) + e_2^2(k) + \cdots + e_L^2(k)\}$，$\nabla_W(k) = \dfrac{\partial J}{\partial W}\bigg|_{W=W(k)}$，

$$\nabla_D(k) = \frac{\partial J}{\partial D}\bigg|_{D=D(k)}$$

则有：

$$\nabla_W(k) = \frac{\partial J}{\partial W}\bigg|_{W=W(k)} = 2\left[e_1 \cdot \frac{\partial E[e_1]}{\partial W} + e_2 \cdot \frac{\partial E[e_2]}{\partial W} + \cdots + e_L \cdot \frac{\partial E[e_L]}{\partial W}\right]$$

$$(7-2-20)$$

由于对 $\dfrac{\partial e_l}{\partial W}$ 的估计是无偏估计，则有：

$$\frac{\partial E[e_l]}{\partial W} = \frac{\partial e_l}{\partial W} = \frac{\partial}{\partial W}[b_l(k) - W(k)\hat{X}_l^T(k) - D(k)\hat{G}_l^T(k)]$$

$$= -\hat{X}_l^T(k) \qquad (7-2-21)$$

由式（7-2-20）和式（7-2-21）可得：

$$\nabla_W(k) = -2\sum_{l=1}^{L} e_l(k)\hat{X}_l^T(k) \qquad (7-2-22)$$

根据最小均方算法的定义，有：

$$W(k+1) = W(k) - \mu\nabla_W(k) = W(k) + 2\mu E^T(k)X^T(k) \qquad (7-2-23)$$

式（7-2-23）中，μ 为步长收敛因子，其值由 X 自相关矩阵的特征值来确定。

同理：

$$D(k+1) = D(k) + 2\alpha E^T(k)\hat{G}^T(k) \qquad (7-2-24)$$

式（7-2-24）中，α 为步长收敛因子，其值由 Y 自相关矩阵的特征值来确定。

根据以上推导过程，多通道自适应滤波 - U LMS 振动控制算法过程可表示为：

$$E(k) = B(k) - W(k)\hat{X}^T(k) - D(k)\hat{G}^T(k) \qquad (7-2-25)$$

$$Y(k) = \tilde{X}(k) + \tilde{Y}(k) \qquad (7-2-26)$$

$$W(k+1) = W(k) + 2\mu E^T(k)\hat{X}^T(k) \qquad (7-2-27)$$

$$D(k+1) = D(k) + 2\alpha E^T(k)\hat{G}^T(k) \qquad (7-2-28)$$

这里，式（7-2-26）中具有下列关系：

$$\tilde{X}(k) = W(k)X(k) \quad \tilde{Y}(k) = [\tilde{y}_1^T(k), \tilde{y}_2^T(k), \cdots, \tilde{y}_M^T(k)]^T$$

$$\tilde{y}_m(k) = \sum_{i=1}^Q d_{mi}y_m(k-i) \quad m = 1,2,\cdots,M$$

依据上述算法的推导，在算法滤波器步长的选取上，要遵循反馈滤波器的步长小于非反馈滤波器的步长，系统收敛速度的快慢主要取决于反馈滤波器的步长的大小。由于滤波 – U 中的滤波器为 IIR 结构，而它的函数表达中包含有极点，在实际的自适应振动控制过程中，极点有可能会移动到单位圆之外而导致系统的不稳定。而且由于自适应过程中所使用的输出误差法函数并非二次函数，使得误差特性曲面除了一个全局最小点外，还有许多局部极小点，导致算法容易陷入局部极小，因此在实际的控制过程中，参数的选取与设置非常重要。

7.3 改进型滤波 – U LMS 算法

7.3.1 基于滤波 – U 的参考信号自提取振动控制策略

$X(k)$ 为滤波器的输入，$\hat{W}(k) = [w_0(k), w_1(k), \cdots, w_p(k), d_0(k), d_1(k), \cdots, d_q(k)]^T$ 为滤波器的输出，$E(k)$ 为传感器检测到的结构振动误差信号，$H_1(z)$、$H_2(z)$ 分别为图 7-3-1 中的 H_1、H_2 结构模型参数向量集合；$B(k)$ 为不施加控制信号时 k 时刻的结构振动情况，$\hat{B}(k)$ 为对 $B(k)$ 的一个估计，$\tilde{X}(k)$ 和 $\tilde{Y}(k)$ 分别为 IIR 滤波器结构中的前馈和反馈的滤波结果，从图 7-3-1 可以看出，它与图 6-3-1 不同之处在于其滤波器的结构不同，图 7-3-1 采用的是 IIR 滤波器结构，其算法的推导过程与图 6-3-1 的算法略有不同，经过推理，其控制算法大致可以概括为：

$$X(k) = \hat{B}_l(k) \qquad (7-3-1)$$

$$Y(k) = \hat{W}^T(k)U(k) \qquad (7-3-2)$$

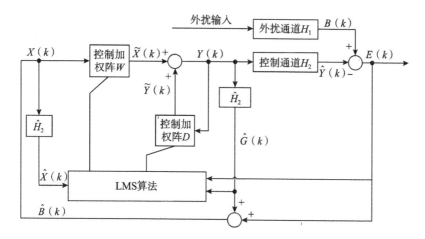

图7-3-1　基于滤波-U的参考信号自提取振动控制算法

$$E(k) = B(k) + W(k)\hat{X}^T - D(k)\hat{G}^T \qquad (7-3-3)$$

$$W(k+1) = W(k) - \mu\hat{X}^T(k)E(k) \qquad (7-3-4)$$

$$D(k+1) = D(k) - \alpha\hat{G}^T(k)E(k) \qquad (7-3-5)$$

7.3.2　基于滤波-U的控制通道在线辨识控制策略

图7-3-2所示中，$H_1(z)$ 为主通道传递函数，$H_2(z)$ 为误差通道传递函数，$\hat{H}_2(z)$ 为控制通道辨识模型，PM 为性能判别器，WM 为白噪声信号，$X(k)$ 为控制系统的参考信号，$\hat{X}(k)$ 为 $X(k)$ 经 $\hat{H}_2(z)$ 滤波的信号，$B(k)$ 为结构外激扰振动响应，$\tilde{X}(k)$ 和 $\tilde{Y}(k)$ 分别为 IIR 滤波器结构中的前馈和反馈的滤波结果，$\overline{Y}(k)$ 为控制器输出，$\hat{G}(k)$ 为 $\overline{Y}(k)$ 经 $\hat{H}_2(z)$ 滤波的信号，$\hat{Y}(k)$ 为作动器控制对传感测点的响应，$E(k)$ 为控制过程的残差信号，$V(k)$ 为白噪声信号（即辨识环节输入信号），$\hat{V}(k)$ 为辨识环节输出，$E_s(k)$ 为辨识过程的残差信号。从图7-3-2可以看出，它与图6-3-2不同之处在于其滤波器的结构不同，图7-3-2采用的是 IIR 滤波器结构，其算法的推导过程与图6-3-2的算法略有不同，其控制算法大致可以概括为：

$$Y(k) = \hat{W}^T(k)U(k) + V(k) \qquad (7-3-6)$$

$$E(k) = B(k) + W(k)\hat{X}^T - D(k)\hat{G}^T \qquad (7-3-7)$$

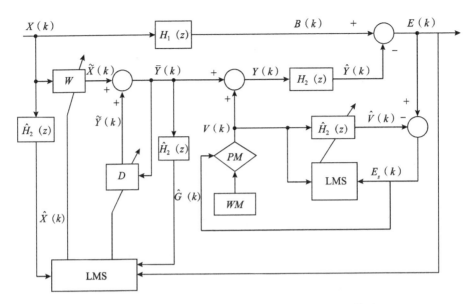

图7-3-2 基于滤波-U的在线辨识的振动控制算法

$$W(k+1) = W(k) - \mu \hat{X}^T(k) E(k) \qquad (7-3-8)$$

$$D(k+1) = D(k) - \alpha \hat{G}^T(k) E(k) \qquad (7-3-9)$$

$$\hat{V}(k) = \hat{H}_2(z) V(k) \qquad (7-3-10)$$

$$E_s(k) = E(k) - \hat{V}(k) \qquad (7-3-11)$$

$$\hat{H}(z) = \hat{H}(z) + \beta E_s(k) V^T(k) \qquad (7-3-12)$$

7.4　算法的性能分析

评价一个算法的性能指标大致有算法的收敛性、快速性（收敛速度）、稳定性（稳态误差）。我们所研究的自适应滤波振动控制算法，均是基于 LMS 算法延伸出来的，研究上述算法性能特性，可以直接转化为对 LMS 算法的性能研究。

7.4.1　收敛性分析

对于自适应滤波控制系统，保持其收敛性是控制系统的基本目标，对于滤波器权系数迭代寻优过程，使其目标函数 $J(W)$ 逐渐趋近于最优函数 $J(W_{opt})$，

最终达到 $J(W)$ 在一个以 $J(W_{opt})$ 为中心的极小领域内。依据最陡下降法基本原理，算法的收敛性主要取决于步长因子 μ 的选取，也就是说，步长因子 μ 的取值的合理与否，直接影响着整个控制系统的收敛性，下面主要探讨 μ 的选取范围。

首先假定 k 时刻滤波器权系数误差向量 $\vartheta(k)$

$$\vartheta(k) = W_{opt} - W(k) \qquad (7-4-1)$$

式中 W_{opt} 为滤波器最优权系数，$W(k)$ 为 k 时刻滤波器权系数。

自适应 LMS 算法的递推公式为：

$$W(k+1) = W(k) + \mu[B(k) - X^T(k)W(k)X(k)] \qquad (7-4-2)$$

其中，$B(k)$ 为 k 时刻的期望响应，式（7-4-2）可以改写为：

$$W(k+1) = [I - \mu X(k)X^T(k)]W(k) + \mu X(k)B(k) \qquad (7-4-3)$$

我们认为 k 时刻和 $k+1$ 时刻时间间隔充分长，可以认为 k 时刻的滤波器输入信号 $X(k)$ 与 $k+1$ 时刻 $X(k+1)$ 不相关，由滤波-X算法过程可知，$W(k)$ 仅是 $X(k-1)$，$X(k-2)$，$\cdots$，$X(k-L)$ 的函数，故 $W(k)$ 与 $X(k)$ 也不相关，对式（7-4-3）等式两边求数学期望为：

$$E[W(k+1)] = [I - \mu R]E[W(k)] + \mu P \qquad (7-4-4)$$

式中 $R = E[X(k)X^T(k)]$，$P = E[X(k)B(k)]$

将依据最优准则得到的 $P = RW_{opt}$ 代入（7-4-4）得：

$$E[W(k+1)] = [I - \mu R]E[W(k)] + \mu RW_{opt} \qquad (7-4-5)$$

将式（7-4-1）写成 $k+1$ 形式：

$$\vartheta(k+1) = W_{opt} - W(k+1) \qquad (7-4-6)$$

对式（7-4-6）两边求数学期望：

$$E[\vartheta(k+1)] = E[W_{opt} - W(k+1)] = W_{opt} - E[W(k+1)] \qquad (7-4-7)$$

将式（7-4-5）代入式（7-4-7）得：

$$E[\vartheta(k+1)] = W_{opt} - \{[I - \mu R]E[W(k)] + \mu RW_{opt}\}$$

$$= -[I - \mu R]E[W(k)] + [I - \mu R]W_{opt}$$

$$= -[I - \mu R]E[W_{opt} - \vartheta(k)] + [I - \mu R]W_{opt}$$

$$= - [I - \mu R] W_{opt} + [I - \mu R] E[\vartheta(k)] + [I - \mu R] W_{opt}$$

$$= [I - \mu R] E[\vartheta(k)] \tag{7-4-8}$$

式（7-4-8）中的自相关矩阵 R 为对称正定的二次型矩阵，可通过正交变换将其简化为标准型：

$$R = Q \Lambda Q^T \tag{7-4-9}$$

其中，Q 为自相关矩阵 R 的正交矩阵，具有 $Q^T Q = I$ 的特性；Λ 为矩阵 R 的特征值组成的对角矩阵，具体表现形式为：

$$\Lambda = \begin{bmatrix} \lambda_1 & 0 & \cdots & 0 \\ 0 & \lambda_2 & \cdots & 0 \\ \vdots & \vdots & \lambda_n & \vdots \\ 0 & 0 & \cdots & \lambda_N \end{bmatrix} \tag{7-4-10}$$

其中 λ_n 为自相关矩阵 R 的第 n 个特征值。

令：$\tilde{\vartheta}(k) = Q^T \vartheta(k)$，将其代入式（7-4-8）得：

$$E[\tilde{\vartheta}(k+1)] = [I - \mu \Lambda] E[\tilde{\vartheta}(k)] \tag{7-4-11}$$

假设 $\tilde{\vartheta}(k)$ 的初始值为 $\tilde{\vartheta}(1)$，结合式（7-4-10）得：

$$E[\tilde{\vartheta}(k+1)] = [I - \mu \Lambda]^{k+1} E[\tilde{\vartheta}(1)] \tag{7-4-12}$$

若使控制算法满足其收敛性，只需使 $k \to \infty$ 时，$[I - u\Lambda]^{k+1} \to 0$，即

$$|I - \mu \Lambda| < 1 \tag{7-4-13}$$

由式（7-4-13）可得：

$$|1 - u\lambda_{max}| < 1 \tag{7-4-14}$$

由于自相关矩阵 R 的所有特征值均为正实数，式（7-4-14）可得：

$$0 < \mu < \frac{2}{\lambda_{max}} \tag{7-4-15}$$

式中 λ_{max} 为自相关矩阵 R 的最大特征值。

由于在上述振动控制过程中，自相关矩阵 R 在执行控制前，是无法获得的，这样也就无法计算 λ_{max}，导致无法确定 μ 的选取范围，致使上述推理的收

敛性条件是无法在实际工程中应用的。

依据矩阵 R 具有正定性，则：R 的迹 $Tr[R]$ 等于其对角线上各元素之和，因此，

$$Tr[R] = \sum_{i=0}^{N} \lambda_i \qquad (7-4-16)$$

由于正定矩阵的各 λ 均大于零，则有：

$$\lambda_{\max} < Tr[R] \qquad (7-4-17)$$

将式（7-4-15）代入式（7-4-13）中，这样收敛条件更加严格

$$0 < \mu < \frac{2}{Tr[R]} \qquad (7-4-18)$$

针对上述的振动控制算法，矩阵 R 的主对角线元素等于滤波器每一个抽头输入的均方值。

$$Tr[R] = \sum_{k=1}^{K} E[X_k^2] \qquad (7-4-19)$$

式中 $\sum_{k=1}^{K} E[X_k^2]$ 为滤波器输入信号的总功率，这个信号是可以预先得知的，这样其收敛性条件转化为：

$$0 < \mu \leqslant \frac{1}{\sum_{k=1}^{K} E[X_k^2]} \qquad (7-4-20)$$

7.4.2 快速性分析

算法快速性（也称收敛速度）的实质就是滤波器权系数从初始值向最优权系数收敛的速度，它是衡量控制算法的一个重要指标。在满足收敛性条件的前提下，从式（7-4-11）可以看出，滤波器权系数误差随着迭代次数增加以指数趋势下降，最终将趋近于零，致使滤波器权系数趋近于最优滤波器权系数。

为了更深入地分析算法的收敛速度，首先引入一个参考因子 ξ，ξ 定义为第 k 个 $\tilde{\vartheta}(k)$ 的值衰减到初始值 $\tilde{\vartheta}(1)$ 的 $1/e$ 倍时所需的迭代次数，其中 e 为自然对数的底。当步长因子 μ 较小时，参考因子近似为：

$$\xi = \frac{1}{2\ln(1 - \mu\lambda_k)} \approx \frac{1}{2\mu\lambda_k} \qquad (7-4-21)$$

在自适应滤波振动控制过程中，设滤波器权系数为 M 维向量，系统具有 M 个包含参考因子的衰减过程对应于 M 维权系数收敛到最优权系数的过程。最坏的情况为，M 个衰减过程中衰减最慢的一个，刚好在整个寻优过程中占主导地位，为保守起见，我们一般取参考因子最大的那个作为衡量算法收敛速度的指标，最大的参考因子 ξ_{max} 为：

$$\xi_{max} = \frac{1}{2\mu\lambda_{min}} \qquad (7-4-22)$$

式中 λ_{min} 为所有 λ 中的最小值。

当滤波器的输入信号相同时，最大参考因子的下界为：

$$\xi_{max} \geqslant \frac{1}{2\mu_{max}\lambda_{min}} \qquad (7-4-23)$$

将式（7-4-15）代入式（7-4-23）得：

$$\xi_{max} \geqslant \frac{1}{2\mu_{max}\lambda_{min}} = \frac{\lambda_{max}}{4\lambda_{min}} \qquad (7-4-24)$$

由上式可得，上述振动控制算法的最快收敛速度的大小取决于输入信号自相关矩阵特征值的分散程度。

7.4.3　稳定性分析

算法的稳定性（也称稳态误差）的实质为在算法进入稳态之后，滤波器的权系数趋近于最优值的趋近程度，它也是衡量控制算法的一个重要指标。对于算法过程中，在 $E[W]$ 收敛到最优 W_{opt} 后，由于其修正项 $\mu e(k)X(k)$ 不为零，导致 W 在 W_{opt} 附近随机移动，最终导致算法收敛后仍存在一定的误差。为了进一步地分析其稳态误差，假定在滤波器权系数调整过程中，终止于维纳解的均方误差值为 J_{min}，利用 LMS 算法的解的均方误差值为 J_{∞}，其失调系数为 $\wp$，则有：

$$\wp = \frac{J_{\infty}}{J_{min}} \qquad (7-4-25)$$

失调系数是衡量 LMS 算法所得到的稳态解接近最优解的一个尺度，其值越小，说明算法的稳定性越好。设定滤波器输入信号的自相关矩阵的所有特征值的平均值为 λ_{ave}，LMS 算法的平均调整曲线可以用平均参考因子 ξ_{ave} 的指数去逼近，依据式（7-4-19）得：

$$\xi_{ave} = \frac{1}{2\mu\lambda_{ave}} \qquad\qquad (7-4-26)$$

依据 LMS 算法，可以推导出失调系数[137]为：

$$\wp = \frac{\mu Tr\,[R]}{2} \qquad\qquad (7-4-27)$$

由 $Tr\,[R] = L\lambda_{ave}$，将其代入式（7 - 4 - 25）式得：

$$\wp = \frac{\mu L\lambda_{ave}}{2} \qquad\qquad (7-4-28)$$

将式（7 - 4 - 24）代入式（7 - 4 - 26）得：

$$\wp = \frac{\mu L\lambda_{ave}}{2} = \frac{L}{4\xi_{ave}} \qquad\qquad (7-4-29)$$

由式（7 - 4 - 27）可以得出以下结论：

1）步长因子与失调系数成正比，而与平均参考因子成反比；这样导致在整个算法的过程中，选择合适的步长因子尤为重要。

2）当 ξ_{ave} 为一个确定值时，失调系数与滤波器的长度成正比。

7.5　算法仿真分析

7.5.1　自适应滤波 – U LMS 振动控制算法

对自适应滤波 – U LMS 振动控制算法进行仿真实验分析，仿真软件采用 Matlab7.1，激励源为频率 $f = 20.70\mathrm{Hz}$ 的正弦信号，参考信号直接取自于激励源信号，系统采样频率为 $f_c = 300\mathrm{Hz}$，步长收敛因子为 $\mu = 0.01$、$a = 0.005$，自适应滤波器长度定义为 $p + q = 24$，假设实验模型结构的控制通道模型参数已知，这里模型参数取自于事先对实验模型结构采用离线自适应建模方法测得，取在模型结构上获得其中一路控制通道传递函数为 $H(z) = 0.0383 + 0.0772z^{-1} + 0.0925z^{-2} + 0.0451z^{-3}$；仿真实验结果如图 7 - 5 - 1 至图 7 - 5 - 4 所示，可以看出，经典自适应滤波 – U LMS 控制算法可以在较少的计算时间内完成系统收敛，比滤波 – X LMS 控制算法的快速性更快，同时在仿真实验过程中发现，控制参数的选择方面，基于 IIR 结构的算法设置步长应当比 FIR 结构的小，同时 IIR 结构较小的步长调整就会导致系统收敛速度的较大变化，调整不当甚至容易引起控制发散。

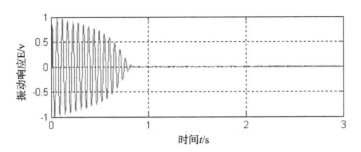

图 7-5-1　施加控制后的振动情况

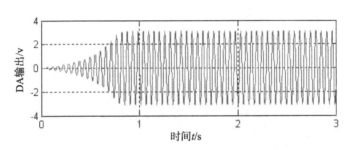

图 7-5-2　施加的控制信号

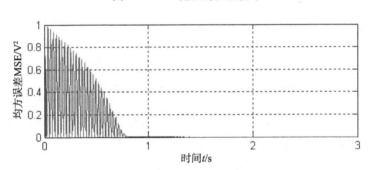

图 7-5-3　性能目标函数（MSE）

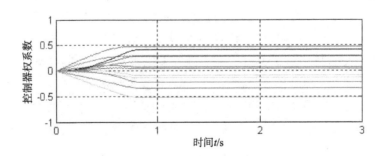

图 7-5-4　控制器权系数收敛曲线

7.5.2　基于滤波 – U 的参考信号自提取振动控制算法

为了验证上述 7.3.1 节所提出算法的控制效果，进行其仿真实验分析，与 7.5.1 节自适应滤波 – U LMS 振动控制算法仿真实验相比，仿真参数大致不变，只是参考信号不再取之于激振源，而是取之于结构振动中，其实验结果如图 7 – 5 – 5 至图 7 – 5 – 8 所示，它与经典滤波 – U LMS 振动控制算法相比，收敛速度较慢，但控制效果良好，通过牺牲收敛速度来换取算法的实用性，还是值得的；同时，与 6.3.1 节所提出的基于 FIR 结构的控制算法相比，其具有收敛速度快，控制效果好的优势。

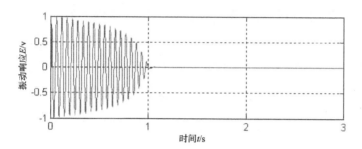

图 7 – 5 – 5　施加控制后的振动情况

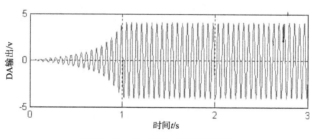

图 7 – 5 – 6　施加的控制信号

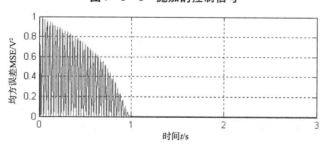

图 7 – 5 – 7　性能目标函数

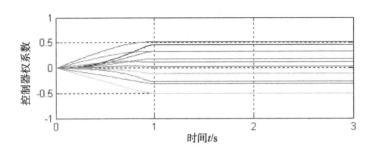

图 7 - 5 - 8　控制器权系数收敛曲线

7.5.3　基于滤波 - U 的控制通道在线辨识控制算法

辨识环节中引入随机噪声信号的方差值大小，直接影响整个系统性能，若噪声方差值太大，将影响整个控制系统的稳定性，若太小，辨识建模的速度很慢，有可能导致系统不能收敛，因此，如何选取随机噪声适中的方差值，成为此种控制策略的难点。

（1）噪声方差值的选取分析

鉴于辨识环节中引入的随机噪声信号方差大小，对辨识环节的过程和效果影响很大，甚至可能影响到整个控制器的控制性能，为分析噪声信号大小的影响，定义了一种辨识误差分析准则为：

$$F(\mathrm{dB}) = 10 \lg \left\{ \frac{\sum_{i=0}^{P-1} \xi^i \left[H_i(z) - \hat{H}_i(z) \right]^2}{\sum_{i=0}^{P-1} \xi^i \left[H_i(z) \right]^2} \right\} \qquad (7-5-1)$$

式（7 - 5 - 1）中参数定义如下：$H_i(z)$ 为标准误差通道模型第 i 阶次的数值，$\hat{H}_i(z)$ 为在线辨识模型参数第 i 阶次的数值，ξ 为权值比重因子。分析准则的基本思想为模型辨识参数的误差平方和在实际模型参数平方和中所占的比重，因此评判指标 F 越小，表示模型参数辨识的精度越高；对于每路需待辨识的误差通道参数来讲，滤波器的加权矢量即是以冲击响应形式表示的误差通道模型，则此矢量所含数据排序越后则对模型辨识误差影响越小（即阶次越高影响越小），所以对辨识模型准确性起关键作用的是低阶次数值（即加权矢量中靠前的数值），因此在准则公式中加入一个权值比重因子 ξ，以体现上述判断准则和分析思想。

设置标准误差通道模型和待辨识模型均为 $P=24$ 阶，且标准误差通道模型（有限冲击响应模型即 FIR 模型）的具体数值为：$H_2(z) = [\,0.131303\ 0.268476$ $0.102181\ 0.331094\ -1.132792\ -1.285056\ 0.466909\ -0.377454\ 0.635248$ $-0.131002\ -0.626901\ 0.589823\ 0.497603\ -0.776613\ 0.896595\ -0.261792$ $-0.403621\ 1.035342\ -0.349494\ 0.543312\ 1.155388\ -0.682608\ -0.331105$ $-0.632540\,]$，该向量值是依据自适应建模算法针对实际结构模型进行离线辨识获得。选取前四阶模态频率其中的一个频率 $f=20.70\text{Hz}$ 的正弦激励信号为实验模型结构的外激扰，系统采样频率为 $f_c=300\text{Hz}$，设置步长收敛因子为 $\mu=0.01$，$\beta=0.005$，控制器的自适应滤波器长度也定义为 $N=24$；辨识环节中引入的白噪声方差值分别为 0.15 和 0.25，权值比重因子 ξ 选择为 0.8，迭代次数设为 500 次，则根据式（7-5-1）分析准则，模型在线辨识的仿真结果如图 7-5-9、图 7-5-10 所示。

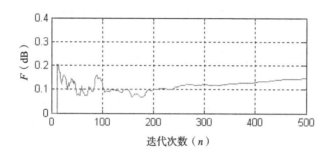

图 7-5-9　方差为 0.15 的辨识模型分析图

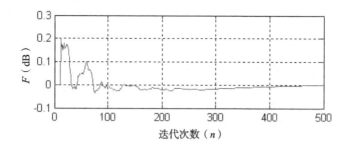

图 7-5-10　方差为 0.25 的辨识模型分析图

由图 7-5-9、图 7-5-10 可见，随机噪声方差值越大，则模型辨识误差越小，即所获得的误差通道模型参数越准确；但从控制器角度出发，理论上所施加的模型辨识随机噪声方差又不宜过大，否则将使整个系统控制的振动响应残差比重过大，如此将可能导致控制系统无法收敛。为选取一个合适的噪声方差值，在进行大量仿真实验和分析的基础上，获知当噪声方差值选取为0.4 时，控制效果最佳。为验证噪声方差值不同选值的控制效果，取方差值分别为 0.2、0.4 和 0.5 时，进行了振动响应自适应控制仿真实验，控制效果如图 7-5-11、图 7-5-12、图 7-5-13 所示。

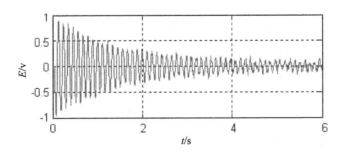

图 7-5-11　方差取值 0.2 的控制效果图

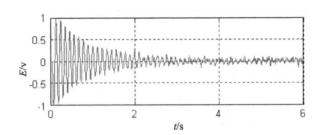

图 7-5-12　方差取值 0.4 的控制效果图

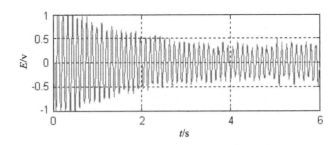

图 7-5-13　方差取值 0.5 的控制效果图

（2）性能判别器的分析

在控制算法结构中，位于白噪声发生器和控制器输入端之间，有个系统性能判别器，它的作用是，一旦结构振动响应获得较好的抑制后，立即停止在线辨识功能的白噪声信号加入，如此可以使得满意控制效果得以保持。反之，若控制器结构图中缺少这一判别器功能，则当结构振动响应得到良好抑制后，经过一定时间振动响应又开始发散，其原因在于辨识过程中，所加误差通道在线辨识的白噪声也将成为外扰激励源的一部分，而控制算法对其不起控制作用；随着结构振动响应的有效抑制，控制环节的残差信号不断变小，此时白噪声所产生的激励响应在残差信号中所占比重不断加大，导致控制器在某一瞬间大幅进行权值调制，由此偏离了已经寻优的最佳权值。上述现象的仿真控制效果如图 7 – 5 – 14 所示。

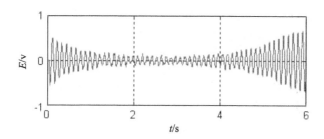

图 7 – 5 – 14　无判别器功能的结构振动控制效果

为避免辨识激励信号对控制效果的不良影响，控制过程中加入对在线辨识过程的判断（即振动响应信号被抑制到一个较为稳定的值时，认为辨识效果最佳，停止加入白噪声信号），一旦在线辨识过程完成且结构振动响应获得有效抑制后，立即停止在线辨识功能的随机信号加入，由此有效避免了控制器最佳权值的误调整。具体到实验过程所执行的测控程序中，主要进行了如下的参数设定：在施加控制信号后，若当 $E(k)$ 连续 1000 个时刻的值全部在一个上下差值为 0.1 的浮动区间内，且 $E(k)$ 的值为施加控制前的 20% 以下时，表示辨识环节完成，停止加入白噪声信号和辨识环节程序；否则，辨识环节继续运行，直至达到辨识环节的参数设置要求。基于上述分析，取白噪声方差为 0.4，控制器中加入性能判别器功能，并取其他仿真实验设置参数不变，进行具有在线辨识功能的控制器结构及其算法仿真分析，获得良好的控制效果和方法验证，具体如图 7 – 5 – 15 所示。

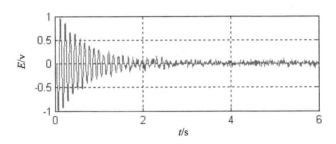

图 7 – 5 – 15 结构振动控制效果

(3) 控制策略仿真分析

为了验证上述 7.3.2 节所提出算法的可行性和有效性，进行其仿真实验分析，具体实验参数为：激励源为频率 $f = 20.70\text{Hz}$ 的正弦信号，参考信号直接取自于激励源信号，系统采样频率为 $f_c = 300\text{Hz}$，控制环节：步长收敛因子为 $\mu = 0.01$、$a = 0.005$，滤波器长度定义为 $p + q = 24$，在线辨识环节：步长收敛因子 $\beta = 0.005$，辨识滤波器的长度也为 $N_2 = 24$，加入白噪声信号方差值为 0.4；其实验结果如图 7 – 5 – 16 至图 7 – 5 – 19 所示，其实验结果与 6.3.2 节所提出的基于 FIR 结构控制算法相比，具有较快的收敛速度，控制效果好的优势。

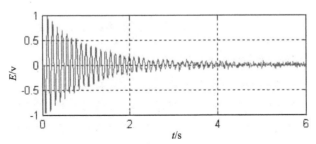

图 7 – 5 – 16 施加控制后的振动情况

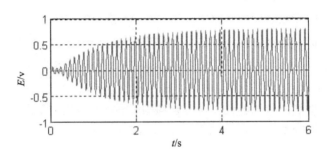

图 7 – 5 – 17 施加的控制信号

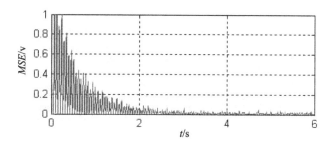

图 7 - 5 - 18　性能目标函数

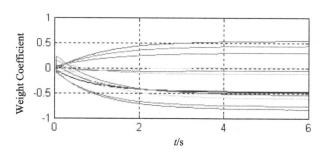

图 7 - 5 - 19　控制器权系数收敛曲线

7.6　本章小结

　　针对基于滤波 - X LMS 算法控制反馈信号对参考信号的影响，提出了基于无限脉冲响应（IIR）结构的滤波 - U LMS 振动控制算法；在深入研究自适应滤波 - U LMS 振动控制算法的基础上，类似于第四章针对自适应滤波 - X LMS 算法改进的思想和方法，进行改进滤波 - U LMS 控制算法，最终分别提出了基于滤波 - U LMS 改进型的参考信号自提取振动控制算法和基于控制通道在线实时辨识的振动控制算法；同时，针对本书所研究的控制算法的核心部分（即 LMS 算法），从算法的收敛性、快速性和稳定性三个方面进行了算法的性能分析，从而给出了一些算法参数选取的依据；最后采用 Matlab 仿真软件，分别进行了算法仿真实验，仿真结果表明：本书所提出的算法控制效果良好。

第八章　实验平台构建与实验结果分析

8.1　引　言

本章针对第三章所分析构建压电智能框架模型结构为实验对象，搭建完整的振动主动控制实验平台，其中包括实验平台的硬件组建和结构振动控制系统软件开发；在实验平台构建的基础上，规划实验过程的具体步骤和方法，分别对文中所研究分析的控制算法进行实验验证，最后对实验结果进行了分析与总结。

8.2　实验平台开发与构建

8.2.1　实验平台的硬件构成

实验平台主要由固定支撑铝合金外框架、模拟飞行器压电智能框架模型结构、信号发生器、功率放大器、电荷放大器、低通滤波器、高速数据 AD 采集卡与 DA 输出卡、高性能计算机、示波器以及相关测控单元等组成，具体如图 8-2-1 所示。

使用橡皮绳将实验模型框架结构吊装在铝合金外框固定架上，使用可调节固定夹持装置将激振器固定于铝合金外框架上，任意函数信号发生器输出激励信号经过功率放大器作用到激振器，通过激振器对实验模型结构施加的激励力使之产生相应的振动响应，粘贴的多路压电传感器检测到结构振动信号，经过电荷放大器的调理，输出到以 PCI 接口连接到计算机的高速 AD 采集卡，其后依据所开发的软件平台并依照相应的控制策略运算产生期望的多路控制信号，通过 DA 输出卡输出，并经压电功率放大器放大，输出到各组压电作动器，从

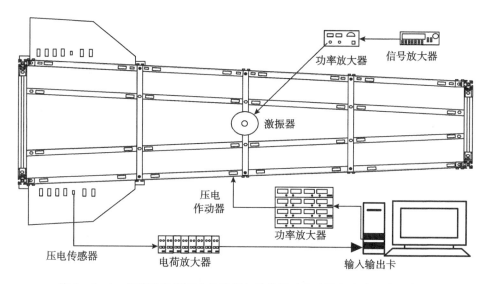

图 8 - 2 - 1 模拟飞行器压电智能框架结构振动主动控制实验平台示意图

而对实验模型框架结构产生控制作用力，实现对其结构振动响应的实时抵消，
以达到主动消除或降低实验模型结构振动响应的目的，计算机程序同时完成对
振动数据的处理、分析、存储和显示功能。所实际构建的实验平台与环境如
图 8 - 2 - 2 所示。

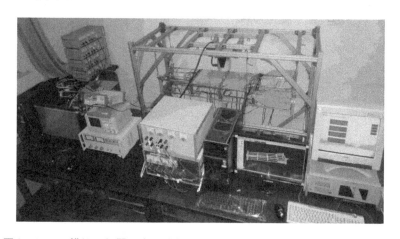

图 8 - 2 - 2 模拟飞行器压电智能框架结构振动主动控制实验平台整体环境图

8.2.2 实验平台的软件开发

采用 VC＋＋6.0 开发环境进行结构振动主动控制系统测控软件开发，整个软件系统主要实现信号的采集与处理、控制算法的实现以及算法运算结果的 DA 输出等功能，所设计软件方便数据保存和操作，其概要构架如图 8－2－3 所示，控制算法软件界面如图 8－2－4 所示，其软件流程如图 8－2－5 所示。

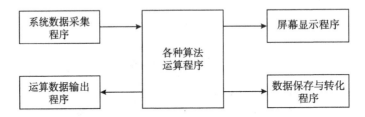

图 8－2－3 测控软件系统的整个程序构架

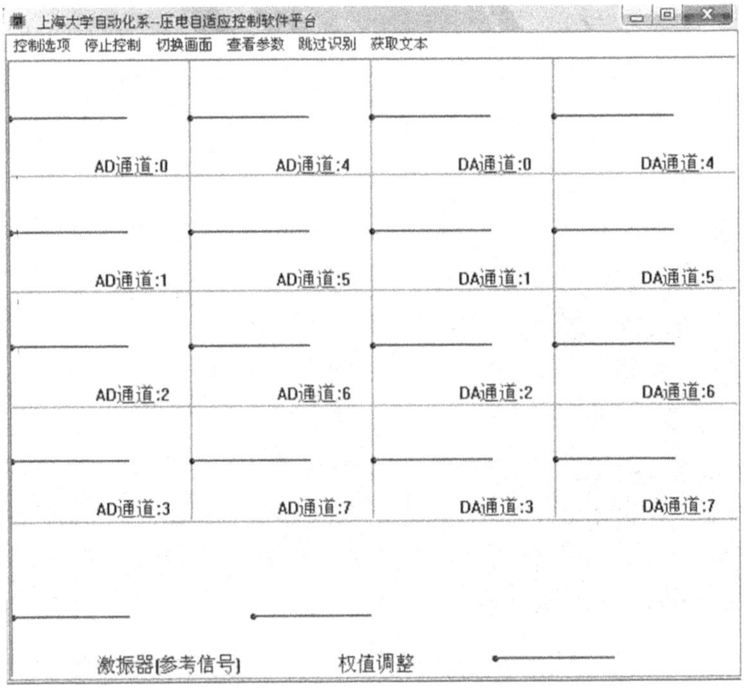

图 8－2－4 压电智能结构振动主动控制算法软件界面图

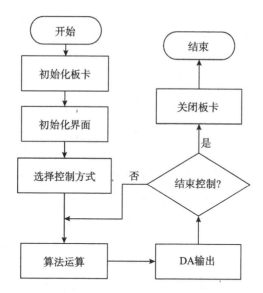

图 8－2－5　压电智能结构振动主动控制软件流程图

8.3　自适应滤波振动控制实验方法与步骤

当实验模型结构被激振器持续激励，并处于 100 Hz 频率以下激振范围内，采用上述第四、五章中所阐述的控制方法，进行 8 输入 8 输出的多通道自适应滤波振动主动控制实验，在 8 路通道中，第 3 路和第 4 路分别为实验模型结构左右两个机翼，其他 6 路为实验模型结构的框架部分；在实验过程中，针对前四阶弯曲模态进行了实际的控制实验，当施加控制后，逐渐地抑制了结构的某阶模态响应后，将激振频率突然改变又激起新的某阶模态，则控制算法在重新调整权值后仍可迅速抑制新的结构响应，从而表明这一控制方法不但具有很高的控制修正速率，而且具有较强的适应外界变化的能力。

在上述控制算法执行的过程中，除了控制通道在线辨识算法外，其他的控制算法在执行前，均需要对控制通道进行离线辨识实验，离线辨识均采用 FIR 滤波器作为待辨识模型，通过实验测试选取描述结构模型向量 FIR 滤波器阶数为 24，可以较好地满足模型向量的结构受控通道描述目标，同时又不造成较大的运算量；选取辨识过程中的误差阈值为 0.005，当连续 10000 次出现低于该阈值的预测结果时，就认为通道辨识已经成功，列举 DA2 – AD2 结构受控传递通道模型向量辨识结果如下：H2[2][2] = [0.837473 0.238032 0.905207

－0.429774 0.940230 －0.164034 －0.488190 －0.195506 0.883447 0.809109 －0.762016 0.321118 0.155496 0.975906 0.949385 0.451797 －0.815248 －0.281369 0.047096 0.293741 0.751860 －0.138281 1.084713 －0.840447]。整个实验过程大致可以归纳为如下几个步骤：

（1）进行控制算法的选取策略，若为基于控制通道在线辨识的振动控制算法，则跳过步骤（3），直接进行步骤（4）；否则，按以下步骤进行。

（2）利用信号发生器输出前四阶模态振动频率其中的任意一阶频率的正弦信号（以 20.70Hz 为例），经过功率放大器作用到激振器，通过激振器对实验模型框架结构施加的激励力使之产生相应的持续振动响应。

（3）设置离线辨识参数，如采样频率、滤波器阶数、步长因子等；启动控制通道离线辨识程序，进行控制通道模型辨识，直到辨识过程完成为止。

（4）结合所选取的控制策略，设置相应的控制参数，如采样频率、滤波器阶数、步长因子等；针对控制通道在线辨识的振动控制，还需要设置控制通道模型随机参数、辨识模型阶数等。

（5）启动控制算法，随着控制算法的施加过程中，结构振动响应控制效果将逐渐获得体现。

（6）控制过程中，实时保存相关数据，为实验分析做准备。

8.4 自适应滤波－X 实验与结果分析

8.4.1 自适应滤波－X LMS 振动控制算法

从前四阶模态频率中任选一个频率作为激振频率，此次实验激振频率为 20.70Hz，参考信号选取于激振信号，控制通道模型选用离线辨识结果，滤波器长度为 24，收敛步长为 $\mu = 0.0002$，依据控制算法，进行 8 输入 8 输出的多通道自适应滤波振动主动控制实验，由于篇幅有限，在 8 个通道中只取 4 个通道的控制效果作为代表，其中 4 个通道分别为第 1 通道、左右机翼的两个通道（即第 3、第 4 通道）、第 6 通道；其控制效果如图 8 － 4 － 1 至图 8 － 4 － 3 所示。

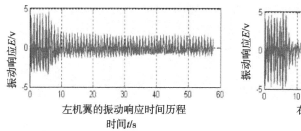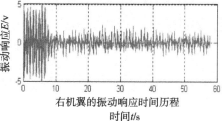

左机翼的振动响应时间历程

右机翼的振动响应时间历程

图 8 - 4 - 1　左右机翼的振动响应时间历程

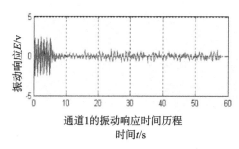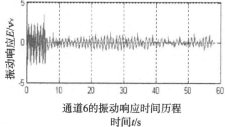

通道1的振动响应时间历程

通道6的振动响应时间历程

图 8 - 4 - 2　通道 1 和通道 6 的振动响应时间历程

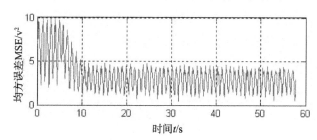

图 8 - 4 - 3　结构振动响应总体抑制效果图

图 8 - 4 - 1、图 8 - 4 - 2 分别为左右机翼、通道 1 和通道 6 的振动响应时间历程，大致在 7 秒的时间，就可有效抑制模型结构振动响应，图 8 - 4 - 3 为结构振动响应总体抑制效果图，其含义是 8 路传感器信号的最小均方误差相加之和，再开方，它表示实验模型结构总体振动响应水平，由图中可知，施加控制后结构总体响应明显下降，表明结构总体振动获得有效抑制。

针对单频激励的结构振动响应，由于结构中存在其他模态的耦合响应、激振器的安装以及激振信号的不纯等因素，造成其振动响应不仅存在激振信号的频率成分，还包含了众多的谐波成分。为了验证上述振动控制算法的有效性，针对框架结构中的每一个通道逐个进行施加控制前后功率谱的比较，任意列出其中某一通道控制前后的功率谱对比图，如第 2 通道结构振动控制前后功率谱对比如图 8 - 4 - 4 所示，从图中可以看出，施加控制后，不仅迅速抑制了结构激扰频率的振动响应，而且其谐频分量响应也得到有效的衰减。

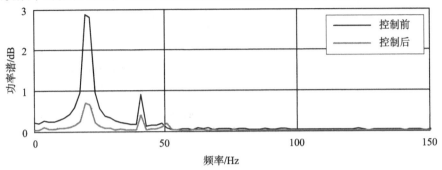

图 8 - 4 - 4　第 2 通道结构振动控制前后功率谱对比图

8.4.2　基于滤波 - X 的参考信号自提取算法

从前四阶模态频率中任选一个频率作为激振频率，此次实验激振频率为 20.70Hz，控制通道模型选用离线辨识结果，滤波器长度为 24，收敛步长为 $\mu = 0.0002$，依据控制算法，进行 8 输入 8 输出的多通道自适应滤波振动主动控制实验，由于篇幅有限，在 8 个通道中只取 4 个通道的控制效果作为代表，其中 4 个通道分别为第 1 通道、左右机翼的两个通道（即第 3 通道、第 4 通道）、第 6 通道；其控制效果如图 8 - 4 - 5 至图 8 - 4 - 7 所示。

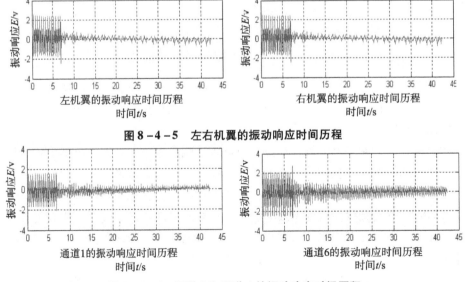

图 8 - 4 - 5　左右机翼的振动响应时间历程

图 8 - 4 - 6　通道 1 和通道 6 的振动响应时间历程

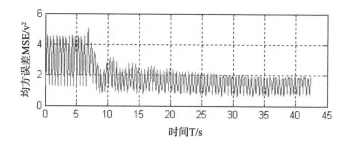

图 8 - 4 - 7 结构振动响应总体抑制效果图

图 8 - 4 - 5、图 8 - 4 - 6 分别为左右机翼、通道 1 和通道 6 的振动响应时间历程，大致在 8 秒的时间，就可有效抑制模型结构振动响应，图 8 - 4 - 7 为结构振动响应总体抑制效果图，由图中可知，施加控制后结构总体响应明显下降，表明结构总体振动获得有效抑制。

为了比较直观地了解参考信号在施加控制算法前后情况，将实验过程中的数据进行处理，画出施加控制前后参考信号的曲线对比图如图 8 - 4 - 8 所示，从图中可以看出，经过控制算法合成的参考信号与激振信号有很强的相关性。图 8 - 4 - 9 为第 2 通道结构振动控制前后功率谱对比图，施加控制后，激振频率的幅度明显衰减了很多。

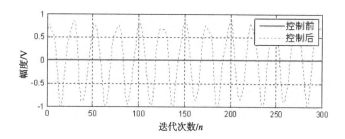

图 8 - 4 - 8 控制前后参考信号曲线对比图

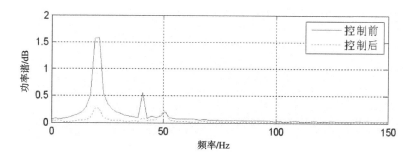

图 8 - 4 - 9 第 2 通道结构振动控制前后功率谱对比图

8.4.3 基于滤波 – X 的控制通道在线辨识振动控制算法

从前四阶模态频率中任选一个频率作为激振频率，此次实验激振频率为 20.70Hz，参考信号选取于激振信号，控制环节中 FIR 滤波器长度为 24，收敛步长为 $\mu = 0.0015$，在施加控制信号后，当 Es 值连续 1000 次全部在一个上下差值为 0.1 的浮动区间内时，表示辨识环节完成，停止加入噪声信号和辨识环节程序，辨识环节中 FIR 滤波器长度为 24，收敛步长为 $\beta = 0.0001$，噪声方差为 0.4，进行 8 输入 8 输出的多通道自适应滤波振动主动控制实验。由于篇幅有限，在 8 个通道中只取 4 个通道的控制效果作为代表，其中 4 个通道分别为第 1 通道、左右机翼的两个通道（即第 3、第 4 通道）、第 6 通道；其控制效果如图 8 – 4 – 10 至图 8 – 4 – 12 所示。

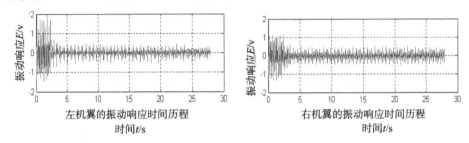

图 8 – 4 – 10　左右机翼的振动响应时间历程

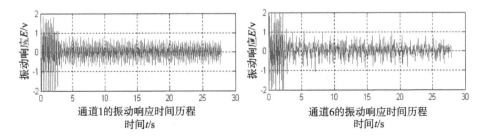

图 8 – 4 – 11　通道 1 和通道 6 的振动响应时间历程

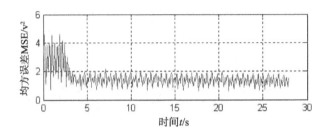

图 8 – 4 – 12　结构振动响应总体抑制效果图

　　图 8 - 4 - 10、图 8 - 4 - 11 分别为左右机翼、通道 1 和通道 6 的振动响应时间历程，大致在 2.5 秒的时间，就可有效抑制模型结构振动响应。图 8 - 4 - 12 为结构振动响应总体抑制效果图，由图中可知，施加控制后结构总体响应明显下降，表明结构总体振动获得有效抑制。图 8 - 4 - 13 为第 2 通道结构振动控制前后功率谱对比图，从图中可以看出，激振频率的幅度明显降低了很多。

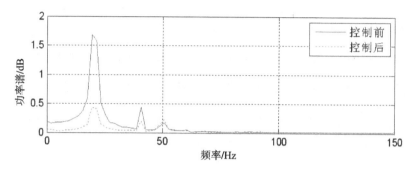

图 8 - 4 - 13　第 2 通道结构振动控制前后功率谱对比图

　　为了进一步分析控制通道在线辨识结果的准确性，在控制参数设置相同的情况下，先采用离线辨识方法获得一组控制通道模型参数 $\hat{H}$，并与在线辨识方式获得的一组控制通道模型参数 H 进行比较，即采用公式 $|\hat{H} - H| / |\hat{H}| \times 100\%$ 进行分析，如图 8 - 4 - 14 所示，可以看出所有参数差值的百分比均在 4% 以内，说明在线辨识方法获得的模型参数准确性很高，从而使得基于该辨识策略的振动主动控制方法具有很强的可行性和有效性。

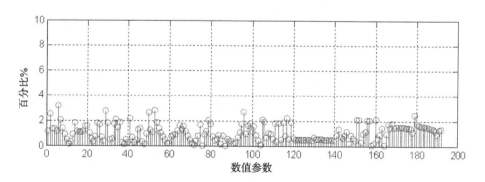

图 8 - 4 - 14　误差通道辨识结果对比图

8.5 自适应滤波－U 实验与结果分析

8.5.1 自适应滤波－U LMS 振动控制算法

从前四阶模态频率中任选一个频率作为激振频率，此次实验激振频率为20.70Hz，参考信号选取于激振信号，控制通道模型选用离线辨识结果，前馈滤波器长度为12，反馈滤波器长度也为12，前馈收敛步长为 $\mu = 0.0002$，反馈前馈收敛步长为 $\alpha = 0.0001$，依据控制算法，进行 8 输入 8 输出的多通道自适应滤波振动主动控制实验。由于篇幅有限，在 8 个通道中只取 4 个通道的控制效果作为代表，其中 4 个通道分别为第 1 通道、左右机翼的两个通道（即第 3 通道、第 4 通道）、第 6 通道；其控制效果如图 8 - 5 - 1 至图 8 - 5 - 3 所示。

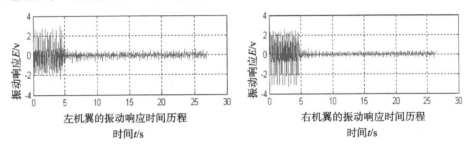

图 8 - 5 - 1　左右机翼的振动响应时间历程

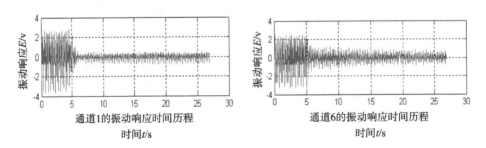

图 8 - 5 - 2　通道 1 和通道 6 的振动响应时间历程

图 8 - 5 - 1、图 8 - 5 - 2 分别为左右机翼、通道 1 和通道 6 的振动响应时间历程，大致在 5 秒的时间，就可有效抑制模型结构振动响应，图 8 - 5 - 3 为结构振动响应总体抑制效果图，由图中可知，施加控制后结构总体响应明显下降，表明结构总体振动获得有效抑制。

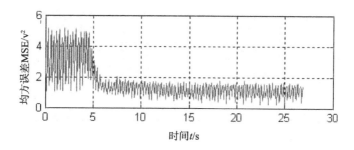

图 8 - 5 - 3　结构振动响应总体抑制效果图

图 8 - 5 - 4 为第 2 通道结构振动控制前后功率谱对比图,从图中可以看出,结构振动系统中不但包含单频的激振信号,而且还存在其他一些谐波信号,施加控制后,单频激振明显下降了。

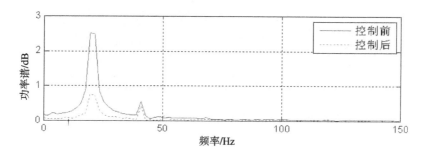

图 8 - 5 - 4　第 2 通道结构振动控制前后功率谱对比图

8.5.2　基于滤波 - U 的参考信号自提取算法

从前四阶模态频率中任选一个频率作为激振频率,此次实验激振频率为 20.70Hz,控制通道模型选用离线辨识结果,前馈滤波器长度为 12,反馈滤波器长度也为 12,前馈收敛步长为 $\mu = 0.0002$,反馈前馈收敛步长为 $\alpha = 0.0001$,依据控制算法,进行 8 输入 8 输出的多通道自适应滤波振动主动控制实验,由于篇幅有限,在 8 个通道中只取 4 个通道的控制效果作为代表,其中 4 个通道分别为第 1 通道、左右机翼的两个通道(即第 3 通道、第 4 通道)、第 6 通道;其控制效果如图 8 - 5 - 5 至图 8 - 5 - 7 所示。

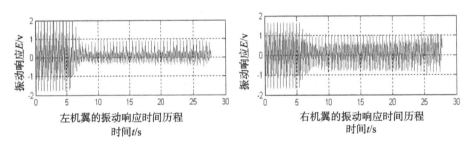

图 8 - 5 - 5　左右机翼的振动响应时间历程

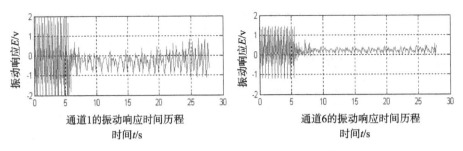

图 8 - 5 - 6　通道 1 和通道 6 的振动响应时间历程

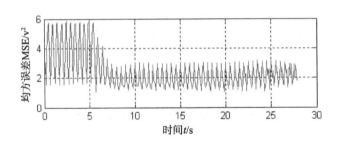

图 8 - 5 - 7　结构振动响应总体抑制效果图

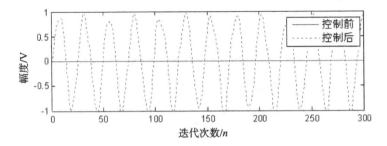

图 8 - 5 - 8　控制前后参考信号对比曲线图

图 8 - 5 - 5、图 8 - 5 - 6 分别为左右机翼、通道 1 和通道 6 的振动响应时间历程，大致在 8 秒的时间，就可有效抑制模型结构振动响应；图 8 - 5 - 7 为结构振动响应总体抑制效果图，由图可知，施加控制后结构总体响应明显下降，表明结构总体振动获得有效抑制；图 8 - 5 - 8 为施加控制信号前后参考信号曲线对比图；图 8 - 5 - 9 为第 2 通道结构振动控制前后功率谱对比图。

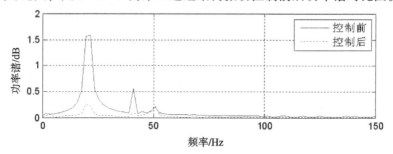

图 8 - 5 - 9　第 2 通道结构振动控制前后功率谱对比图

8.5.3　基于滤波 - U 的控制通道在线辨识振动控制算法

从前四阶模态频率中任选一个频率作为激振频率，此次实验激振频率为 20.70Hz，参考信号选取于激振信号，控制环节中前馈滤波器长度为 12，反馈滤波器长度也为 12，前馈收敛步长为 $\mu = 0.0015$，反馈前馈收敛步长为 $a = 0.0001$，在施加控制信号后，当 Es 值连续 1000 次全部在一个上下差值为 0.1 的浮动区间内时，表示辨识环节完成，停止加入噪声信号和辨识环节程序。辨识环节中 FIR 滤波器长度为 24，收敛步长为 $\beta = 0.0001$，噪声方差为 0.4，进行 8 输入 8 输出的多通道自适应滤波振动主动控制实验，由于篇幅有限，在 8 个通道中只取 4 个通道的控制效果作为代表，其中 4 个通道分别为第 1 通道、左右机翼的两个通道（即第 3 通道、第 4 通道）、第 6 通道。其控制效果如图 8 - 5 - 10 至图 8 - 5 - 12 所示。

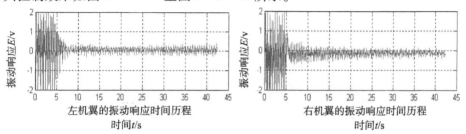

图 8 - 5 - 10　左右机翼的振动响应时间历程

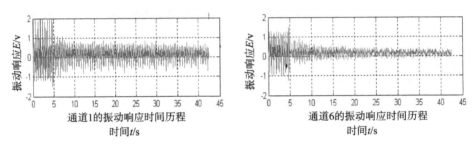

图 8 – 5 – 11　通道 1 和通道 5 的振动响应时间历程

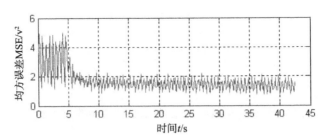

图 8 – 5 – 12　结构振动响应总体抑制效果图

图 8 – 5 – 10、图 8 – 5 – 11 分别为左右机翼、通道 1 和通道 6 的振动响应时间历程，大致在 8 秒的时间，就可有效抑制模型结构振动响应。图 8 – 5 – 12 为结构振动响应总体抑制效果图，由图中可知，施加控制后结构总体响应明显下降，表明结构总体振动获得有效抑制。图 8 – 5 – 13 为第 2 通道结构振动控制前后功率谱对比图，图中以激振频率为主的频率幅度明显降低了很多。图 8 – 5 – 14 为误差通道辨识数据对比图，图中所有参数的差值的百分比均在 4% 以内，从而验证了在线辨识方法获得的模型参数准确性高，从而使得基于该辨识策略的振动主动控制方法具有较强的可行性和有效性。

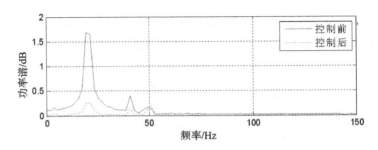

图 8 – 5 – 13　结构振动响应总体抑制效果图

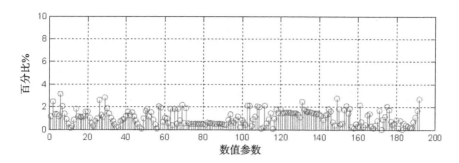

图 8 - 5 - 14　误差通道辨识结果对比图

综合以上振动控制算法的设计与实验结果分析，可得如下结论：

1）基于滤波 - X LMS 和基于滤波 - U LMS 的参考信号自提取振动主动控制算法，实验结果分析表明，虽然在收敛速度方面比经典的滤波 - X LMS 和滤波 - U LMS 算法略慢了些，但最终控制效果还是良好的。

2）基于滤波 - X LMS 和基于滤波 - U LMS 的控制通道实时辨识的振动控制算法，根据上述实验结果表明，虽然在收敛速度方面比经典的滤波 - X LMS 和滤波 - U LMS 算法略慢了些，但最终控制效果还良好的。

本书针对滤波 - X LMS 和滤波 - U LMS 算法进行改进的基本指导思想：在满足控制效果的前提下，尽可能地工程化、实用化改进。根据上述实验结果表明，本书所提算法控制效果良好，为提高自适应滤波控制算法的实用性提供了有益的技术思路。

8.6　本章小结

本章集中验证了前述各章所研究的自适应滤波控制方法在压电智能结构振动主动控制中的应用，本章主要的研究工作如下：

（1）搭建了实验模型结构振动主动控制硬件实验平台，开发了结构振动主动控制软件，设计并研制了具有良好的用户界面和较强测控功能的实验系统。

（2）分别针对自适应滤波 - X LMS 振动控制算法和改进型滤波 - X LMS 算法进行振动控制实验验证，实验结果表明，本书所改进的算法控制效果良好。

（3）分别针对自适应滤波 - U LMS 振动控制算法和改进型滤波 - U LMS 算法进行振动控制实验验证，经过实验验证，本书所改进的算法控制效果良好。

第九章 结论与展望

9.1 结 论

　　智能结构振动主动控制是当前振动控制领域里最为活跃的研究方向之一，同时也构成了蓬勃发展的智能材料结构研究的一个重要方面。它将先进的振动主动控制技术与全新的智能材料结构概念有机结合，不仅在理论上丰富与发展了传统的振动控制技术，而且在工程实际中更具有极为广泛的应用前景，尤其在解决用传统方法难以克服的重大技术问题上具有极大的潜在优越性。因此，深入开展主动减振智能结构技术的研究，对国防科技的发展和国民经济其他领域的技术进步均具有重要的意义。

　　压电智能结构自适应滤波振动控制技术虽然发展迅速，但它仍是一个未成熟的研究方向，在理论方法、实现技术和工程化方面还有许多工作需要探索和研究；同时目前有关这一方面的研究多数以悬臂梁结构为对象，还未形成较为系统的理论方法与实验成果。本书以所参加的国家级科研项目为研究背景，以一种模拟临近空间飞行器压电智能框架结构为实验模型对象，着重围绕压电智能结构自适应滤波振动控制方法和实现技术开展研究；研究内容主要涉及压电智能结构动力学分析、压电元件优化配置策略、结构振动自适应滤波控制方法及其算法，以及实验系统构建和实验分析验证等，尤其在自适应滤波控制方法方面进行了深入的探索和有益的实践，并取得了一些创新性的成果。本书的主要工作和贡献在于：

　　（1）以压电智能框架结构为实验模拟对象，通过将压电元件作为传感器和驱动器粘贴于结构表面，构建了一种模拟临近空间飞行器压电智能框架实验模型结构，并将此受控结构与开发的自适应滤波振动控制系统结合起来，形成了一套压电智能结构自适应滤波振动主动控制实验系统。

（2）采用行波分析法进行了压电智能结构的动力学分析，同时引入智能结构振动模态有限元分析技术，结合压电智能结构振动特性，分析了压电传感器/作动器的位置优化问题，并以框架组成单元梁为研究对象，给出了优化目标函数，引入粒子群优化方法针对目标函数进行优化，最终实现压电传感器/作动器的优化配置方案。

（3）深入分析了自适应滤波 – X LMS 算法，在算法过程中需要预知与外激扰信号相关的参考信号，然而在许多实际的振动控制系统中，很难实现参考信号的从振动结构中直接提取，导致了该方法实际适用性上存在缺陷。本书在确保算法控制良好的基础上，尽可能地向现实化的方面改进，提出了一种基于滤波 – X 改进型的参考信号自提取振动控制算法，着重考虑通过从振动结构中直接提取振动响应残差信号，进而基于控制器结构和算法过程数据构造出参考信号，满足与激扰信号的相关性并进入算法控制过程；经过仿真分析和实验验证表明：所提出改进的控制算法控制效果良好，不仅实现了参考信号的振动结构直接提取策略，并具有较快的收敛速度和良好的控制效果。

（4）在自适应滤波 – X LMS 算法实施过程中，存在一个控制通道模型参数辨识问题，一般可采用离线辨识策略获得控制通道模型参数，但也很大程度上导致该方法在工程实际应用时具有较大的不现实性。本书在分析该方法基本控制结构和辨识策略的基础上，提出一种控制通道模型在线辨识的振动主动控制算法，其基本思想是在控制输出端引入一个随机噪声信号，采用 FIR 滤波器作为受控通道模型进行实时在线辨识，同时控制环节采用滤波 – X 控制算法，从而实现了控制通道在线辨识的振动控制算法。经过仿真和实验验证表明，本书所提的在线辨识控制算法控制效果良好，为进一步深入实用化研究奠定了基础。

（5）由于滤波 – X 结构的传输函数是一个全零点的结构，其不考虑控制输出信号的反馈对参考信号的影响，而在实际的系统中这种影响是不能忽略的。滤波 – U 结构的传输函数中含有零极点，它可以在一定程度上解决振动反馈可能带来的控制系统的不稳定问题。本书以滤波 – U 控制方法为基础结构，分别研究了参考信号自提取和控制通道在线辨识问题，分别提出了基于滤波 – U 控制结构的参考信号自提取振动控制算法和控制通道在线辨识的振动控制算法。经过仿真和实验验证表明，所提控制算法控制效果良好。

（6）压电智能框架结构的振动主动控制平台构建与振动控制系统测控软件开发，同时基于实验平台进行所探索的自适应滤波振动控制方法实验分析与验证工作。研究表明，多通道自适应滤波控制算法具有较强的适应能力，并能够较快地跟踪受控结构系统参数及外扰响应的变化；本书所提出的自适应滤波振动控制方法及其实现算法较之于经典滤波－X、滤波－U控制算法，虽然收敛速度略慢，但实现策略和控制效果良好，尤其为提高自适应滤波振动控制方法及其实现算法的工程适用性和实用性，提供了关键的技术方法支撑和有益的研究探索思路。

9.2 展　望

智能结构振动主动控制是一个多学科相互交叉、高难度的新技术研究领域，具有潜在重要的工程应用价值，也是目前国内外该领域研究的一个热点。本书在此领域进行了积极的探索与研究并取得了一定的成果，但限于研究内容的丰富性和复杂性，相关研究工作也还存在诸多不足和有待进一步深入探索之处，有关这一领域尚有大量的理论研究及工程实用化问题需要解决。针对本书的一些研究内容，需要进一步完善与深入探索的方面有：

（1）基体结构中的压电元件组合方法与工艺

在压电智能结构振动控制的系统中，主要以基体结构表面粘贴压电传感器/作动器的组合形式为主，而在实际应用过程中粘贴在结构表面的压电传感器/作动器，受外界环境反复变化影响较大，易产生脱层、开裂或破坏。将压电致动器/传感器埋入结构内部可以很好地避免其受周围环境的影响而发生破坏，但这种组合方式工艺复杂，且必然导致基体结构的损伤，使整体结构产生较多的不连续界面，影响智能结构的功能。因此，进一步研究更切合实际的组合方法和工艺具有重要的实际应用价值。

（2）压电智能结构的动力学性能分析

在基体上粘贴或埋入多个压电传感器/作动器元件后，会造成结构件的不连接性、干扰承载路线以及结构的其他性能的改变，因此，在动力学性能分析时，应考虑结构件静、动强度和刚度以及电性能等多方面的影响；本书将压电智能结构看成几个结构单元组合而成，采用行波分析法分别组合单元进行深入分析，并没有直接针对整个框架结构整体式分析。由于框架结构约束条件较多，同时结构也相对复杂，直接针对压电智能框架结构进行动力学分析难度较大，因此，在此方面需要进一步的研究，为智能框架结构的压电元件的优化配置打下良好的理论方法基础。

（3）传感器/作动器的数量选择与位置优化

压电智能结构中传感器/作动器的数量与位置对振动控制的效果与效率影响很大，有时甚至直接导致实际中无法实现控制目的，因此，传感元件和作动元件的最优位置布放与最优数目选择是一个需要重点研究的关键问题。本书采用粒子群优化算法，只针对实验框架模型中的一个单元（铝合金梁结构）进行了压电元件的位置优化，对整个框架结构只是粗略的优化配置，因此，直接针对整个框架结构的压电元件数目的选择与位置优化需要今后进一步的深入研究。

（4）自适应滤波控制算法的进一步的研究

自适应滤波控制算法的进一步研究包括以下几个方面：一是控制算法的参数定性分析与具体选取问题，文中一些算法参数只给出了选取范围，没有进行推导和定性分析，下一步准备在这方面进一步的研究；二是将高效的权值调整算法运用到实际的振动控制系统中，如 RLS 算法，由于它计算量太大在实际系统中很难实现，如何在保证控制效果良好的前提下，将其算法进行简化，使其能够在实际系统中应用，这是一个进一步要研究的内容；如何提高自适应控制算法收敛性与计算量的降低、滤波器阶数的确定以及噪声对算法特性的影响等方面需进行进一步的研究。

（5）控制器与母体材料结构的集成问题

目前的主动减振智能结构研究中，信号处理和控制均利用计算机和外部设备完成，这一部分还远未实现集成于材料结构内，研究如何将控制系统微型化，并将其集成到母体材料中，将有待于今后科学技术的进步和发展。

总之，压电智能结构自适应振动主动控制技术是一种很有潜力的结构振动控制新方法。该技术虽然刚刚起步，但其潜在的技术优势已受到广泛重视。可以相信，随着计算机技术、微电子技术、信号处理技术、材料科学以及其他相关学科的不断发展，压电智能结构自适应振动控制技术必将在工程实际中得到充分实现，并发挥积极作用。

参考文献

［1］Kramer B, Liebowitz H. Intelligent Materials Processing ［C］. in International Conference on Intelligent Manufacturing Systems, Budapest, Hungary, 1986, 3: 141 –145.

［2］Gabbert P. S, Brown D. E. An Intelligent Materials Handling Design System ［C］. in Expert Systems in Business 87 Proceedings, New York, NY, USA, 1987, 87 –94.

［3］Rogers C. Intelligent Material Systems-the Dawn of a New Materials Age ［J］. Journal of Intelligent Material Systems and Structures, 1993, 4 (1): 4 –12.

［4］徐志伟, 黄雪峰, 沈星. 基于 PT 和 MFC 的飞机垂直尾翼振动主动控制 ［J］. 南京航空航天大学学报, 2008, 40 (3): 313 –318.

［5］Malgaca L, Karagulle H. Simulation and Experimental Analysis of Active Vibration Control of Smart Beams under Harmonic Excitation ［J］. Smart Structures and Systems, 2009, 5 (1): 55 –68.

［6］Kerur S, Ghoshy A. Active Vibration Control of Composite Plate Using Afc Actuator and Pvdf Sensor ［J］. Internation Journal of Structural Stability and Dynamics, 2011, 11 (2): 237 –255.

［7］蒋建平, 李东旭. 压电层合结构力学模型评述 ［J］. 噪声与振动控制, 2008, 28 (5): 11 –20.

［8］Sinha A, Kao C. K. Independent Modal Sliding Mode Control of Vibration in Flexible Structures ［J］. Journal of Sound and Vibration, 1991, 147 (2): 352 –358.

［9］Elbuni M. S, Higashiguchi M. Control of Large Flexible Structures Using Pole Placement Technique ［J］. Transactions of the Society of Instrument and Control Engineers, 1991, 27 (2): 161 –168.

［10］Hanagud S, Obal M. W, Calise A. J. Optimal Vibration Control by the Use of Piezoceramic Sensors and Actuators ［J］. Journal of Guidance, Control, and Dynamics, 1992, 15 (5): 1199 –1206.

［11］Konieczny J, Kowal J. A Pole Placement Controller for Active Vehicle Suspension ［J］. Archives of Control Sciences, 2005, 15 (1): 97 –116.

[12] Mottershead J. E, Tehrani M. G, James S, et al. Active Vibration Suppression by Pole-Zero Placement Using Measured Receptances [J]. Journal of Sound and Vibration, 2008, 311 (3): 1391 – 1408.

[13] Basu B, Nielsen S. R. K. A Multi-modal Control Using a Hybrid Pole-placement-integral Resonant Controller (PPIR) with Experimental Investigations [J]. Structural Control & Health monitoring, 2011, 18 (2): 191 – 206.

[14] Sethi V, Song G. Pole-placement Vibration Control of a Flexible Composite I-Beam Using Piezoceramic Sensors and Actuators [J]. Journal of Thermoplastic Composite Material, 2006, 19 (3): 293 – 307.

[15] Chandiramani N, Librescu L, Saxena V, et al. Optimal Vibration Control of a Rotating Composite Beam with Distributed Piezoelectric Sensing and Actuation [J]. Smart Materials & Structures, 2004, 13 (2): 433 – 442.

[16] Wu H. N, Cai K. Y. Mode-Independent Robust Stabilization for Uncertain Markovian Jump Nonlinear Systems Via Fuzzy Control [J]. IEEE Transactions on System Man and Cybernetics, 2006, 36 (3): 509 – 519.

[17] Oates W. S, Smith R. C. Nonlinear Optimal Control Techniques for Vibration Attenuation Using Magnetostrictive Actuators [J]. Journal of Intelligent Material Systems and Structures, 2008, 19 (2): 193 – 209.

[18] Wei H, Ge S. S. Robust Adaptive Boundary Control of a Vibrating String under Unknown Time-Varying Disturbance [J]. IEEE Transactions on Control Systems Technology, 2012, 20 (1): 48 – 58.

[19] Akesson H, Smirnova T, Claesson I, et al. On the Development of a Simple and Robust Active Control System for Boring Bar Vibration in Industry [J]. International Journal of Acoustics and Vibration, 2007, 12 (4): 139 – 152.

[20] Popescu D, Sendrescu D, Bobasu E. Modelling and Robust Control of a Flexible Beam Quanser Experiment [J]. Acta Montanistica Slovaca, 2008, 13 (1): 127 – 135.

[21] Azadi M, Fazelzadeh S. A, Eghtesad M, et al. Vibration Suppression and Adaptive-Robust Control of a Smart Flexible Satellite with Three Axes Maneuvering [J]. Acta Astronautica, 2011, 69 (5 – 6): 307 – 322.

[22] Khadraoui S, Rakotondrabe M, Lutz P. Interval Modeling and Robust Control of Piezoelectric Microactuators [J]. IEEE Transactions on Control Systems Technology, 2012, 20 (2): 486 – 494.

[23] Hongwei S, Dongxu L. Active Control of Vibration Using a Fuzzy Control Method Based on Scaling Universes of Discourse [J]. Smart Materials and Structures, 2007, 16 (3): 555 – 560.

［24］ Nakazono K, Ohnishi K, Kinjo H, et al. Vibration Control of Load for Rotary Crane System Using Neural Network with Ga-Based Training ［J］. Artificial Life and Robotics, 2008, 13 (1): 98 – 101.

［25］ 钱锋. 层合压电智能结构振动主动控制数值模拟及其优化 ［D］. 博士学位论文, 合肥工业大学, 2011.

［26］ 姚康德, 成国祥. 智能材料 ［M］. 北京: 化学工业出版社, 2002.

［27］ Jordan T, Ounaie Z. Piezoelectric Ceramics Characterizatio ［M］. ICASE Report N, 2001.

［28］ Jaffe B, Roth R. S, Marzullo S. Piezoelectric Properties of Lead Zirconate-Lead Titanate Solid-Solution Ceramics ［J］. Journal of Applied Physics, 1954, 25: 809 – 810.

［29］ Bailey T, Hubbard J. E. Distributed Piezoelectric-Polymer Active Vibration Control of a Cantilever Beam ［J］. Journal of Guidance, Control, and Dynamics, 1985, 8 (5): 605 – 611.

［30］ Crawley E, Luis D. E. Use of Piezoelectric Actuators as Elements of Intelligent Structures ［J］. AIAA journal, 1987, 25 (10): 1373 – 1385.

［31］ Tzou H. S, Gadre M. Theoretical Analysis of a Multi-Layered Thin Shell Coupled with Piezoelectric Shell Actuators for Distributed Vibration Controls ［J］. Journal of Sound and Vibration, 1989, 132 (3): 433 – 450.

［32］ Miller S. E, Oshman Y, Abramovich H. Modal Control of Piezolaminated Anisotropic Rectangular Plates. Part 1: Modal Transducer Theory ［J］. AIAA journal, 1996, 34 (9): 1868 – 1875.

［33］ Miller S. E, Oshman Y, Abramovich H. Modal Control of Piezolaminated Anisotropic Rectangular Plates. Part 2: Control Theory ［J］. AIAA journal, 1996, 34 (9): 1876 – 1884.

［34］ Chee C. Y. K, Tong L, Steven G P. A Review on the Modelling of Piezoelectric Sensors and Actuators Incorporated in Intelligent Structures ［J］. Journal of Intelligent Material Systems and Structures, 1998, 9 (1): 3 – 19.

［35］ Maillard J. P, Fuller C. R. Active Control of Sound Radiation from Cylinders with Piezoelectric Actuators and Structural Acoustic Sensing ［J］. Journal of Sound and Vibration, 1999, 222 (3): 363 – 387.

［36］ Giurgiutiu V, Zagrai A, Bao J. J. Piezoelectric Wafer Embedded Active Sensors for Aging Aircraft Structural Health Monitoring ［J］. Structural Health Monitoring, 2002, 1 (1): 41 – 61.

［37］ Suleman A, Costa A. P. Adaptive Control of an Aeroelastic Flight Vehicle Using Piezoelectric Actuators ［J］. Computers & structures, 2004, 82 (17 – 19): 1303 – 1314.

［38］ Hansson J, Takano M, Takigami T, et al. Vibration Suppression of Railway Car Body with Piezoelectric Elements ［J］. JSME International Journal Series C-Mechanical Systems Machine Elements and Manufacturing, 2004, 47 (2): 451 – 456.

［39］ Sethi V, Song G. Multimode Vibration Control of a Smart Model Frame Structure ［J］. Smart Materials and Structures, 2006, 15: 473 – 479.

［40］ Kozek M, Benatzky C, Schirrer A, et al. Vibration Damping of a Flexible Car Body Structure Using Piezo-Stack Actuators ［J］. Control Engineering Practice, 2009, 19 (3): 298 – 310.

［41］ 朱军强, 马少波, 王社良, 等. 单层网壳结构振动压电控制分析与试验研究 ［J］. 地震工程与工程振动, 2011, 31 (4): 114 – 119.

［42］ 赵大海, 李宏男. 模型结构的压电摩擦阻尼减振控制试验研究 ［J］. 振动与冲击, 2011, 30 (6): 272 – 276.

［43］ Gupta V, Sharma M, Thakur N, et al. Active Vibration Control of a Smart Plate Using a Piezoelectric Sensor-actuator Pair at Elevated Temperatures ［J］. Smart Materials and Structures, 2011, 20 (10): 5 – 23.

［44］ 陈震, 薛定宇, 郝丽娜, 等. 压电智能悬臂梁主动振动最优控制研究 ［J］. 东北大学学报 (自然科学版), 2010, 31 (11): 1550 – 1553.

［45］ Marinaki M, Marinakis Y, Stavroulakis G. E. Vibration Control of Beams with Piezoelectric Sensors and Actuators Using Particle Swarm Optimization ［J］. Expert Systems with Applications, 2011, 38 (6): 6872 – 6883.

［46］ Sahin M, Aridogan U. Performance Evaluation of Piezoelectric Sensor/Actuator on Active Vibration Control of a Smart Beam ［J］. Proceedings of the Institution of Mechanical Engineers, Part I: Journal of Systems and Control Engineering, 2011, 225 (15): 533 – 547.

［47］ 媒新科, 李大鹏. 压电自感知柔性悬臂梁振动控制系统研究 ［J］. 压电与声光, 2011, 33 (5): 753 – 756.

［48］ Thinh T. I, Ngoc L. K. Static Behavior and Vibration Control of Piezoelectric Cantilever Composite Plates and Comparison with Experiments ［J］. Computational Materials Science, 2010, 49 (4): S276 – S280.

［49］ Bruant I, Gallimard L, Nikoukar S. Optimal Piezoelectric Actuator and Sensor Location for Active Vibration Control, Using Genetic Algorithm ［J］. Journal of Sound and Vibration, 2010, 329 (10): 1615 – 1635.

［50］ Balamurugan V, Narayanan S. Finite Element Modeling of Stiffened Piezolaminated Plates and Shells with Piezoelectric Layers for Active Vibration Control ［J］. Smart Materials and Structures, 2010, 19 (10): 1 – 21.

［51］ Forward R. L. Electronic Damping of Orthogonal Bending Modes in a Cylindrical Mast-Experiment ［J］. Journal of Spacecraft and Rockets, 1981, 18 (1): 11 – 17.

［52］ Liao C. Y, Sung C. K. An Elastodynamic Analysis and Control of Flexible Linkages Using Piezoceramic Sensors and Actuators ［J］. Journal of Mechanical Design, 1993, 115:

658 – 665.

[53] Ye R, Tzou H. S. Control of Adaptive Shells with Thermal and Mechanical Excitations [J]. Journal of Sound and Vibration, 2000, 231 (5): 1321 – 1338.

[54] Chen Q, Levy C. Vibration Analysis and Control of Flexible Beam by Using Smart Damping Structures [J]. Composites Part B: Engineering, 1999, 30 (4): 395 – 406.

[55] Trindade M. A. Simultaneous Extension and Shear Piezoelectric Actuation for Active Vibration Control of Sandwich Beams [J]. Journal of Intelligent Material Systems and Structures, 2007, 18 (6): 591 – 600.

[56] Heeg J. Analytical and Experimental Investigation of Flutter Suppression by Piezoelectric Actuation [R]. NASA, 1993: 1 – 43.

[57] Lin C. Y, Crawley E. F, Heeg J. Open-and Closed-Loop Results of a Strain-Actuated Active Aeroelastic Wing [J]. Journal of aircraft, 1996, 33 (5): 987 – 994.

[58] Lazarus K. B, Crawley E. F, Lin C. Y. Multivariable Active Lifting Surface Control Using Strain Actuation: Analytical and Experimental Results [J]. Journal of aircraft, 1997, 34 (3): 313 – 321.

[59] Richard R. E. Optimized Flutter Control for an Aeroelastic Delta Wing [D]. Duke University, 2002.

[60] Saunders W. R, Cole D. G, Robertshaw H. H. Experiments in Piezostructure Modal Analysis for Mimo Feedback Control [J]. Smart Materials and Structures, 1994, (3): 210 – 218.

[61] Sadri A. M, Wynne R. J, Wright J. R. Robust Strategies for Active Vibration Control of Plate-Like Structures: Theory and Experiment [J]. Proceedings of the Institution of Mechanical Engineers, Part I: Journal of Systems and Control Engineering, 1999, 213 (6): 489 – 504.

[62] 钱振东, 沈建华, 黄卫, 等. 采用压电陶瓷元件进行智能板振动控制 [J]. 振动、测试与诊断, 2000, 20 (3): 196 – 201.

[63] Tzou H. S, Wang D. W. Vibration Control of Toroidal Shells with Parallel and Diagonal Piezoelectric Actuators [J]. Journal of Pressure Vessel Technology, 2003, 125 (2): 171 – 176.

[64] Ramesh Kumar K, Narayanan S. Active Vibration Control of Beams with Optimal Placement of Piezoelectric Sensor/Actuator Pairs [J]. Smart Materials and Structures, 2008, 17 (5): 1 – 15.

[65] 钱锋, 王建国, 曲磊. 压电结构振动控制及压电片位置优化的遗传算法 [J]. 固体力学学报, 2011, 32 (4): 398 – 404.

[66] 蒋建平, 李东旭. 智能太阳翼有限元建模与振动控制研究 [J]. 动力学与控制学报, 2009, 7 (2): 164 – 170.

[67] 张京军，何丽丽，王二成，等．压电智能结构振动主动控制传感器/驱动器的位置优化设计 [J]．工程力学，2010，27（1）：228－232．

[68] 钟美法，邓子辰，王志金．基于精细积分的压电层合板有限元分析及振动控制 [J]．西北工业大学学报，2010，28（1）：123－128．

[69] Harari S, Richard C, Gaudiller L. New Semi-Active Multi-Modal Vibration Control Using Piezoceramic Components [J]. Journal of Intelligent Material Systems and Structures, 2009, 20 (13): 1603－1613.

[70] 陶云刚，路小波，周洁敏．利用压电自敏感致动器的挠性结构振动主动控制实验研究 [J]．宇航学报，1999，20（1）：71－76．

[71] 陈文俊．压电材料在柔性结构控制中的应用—国外压电学研究资料综述 [J]．飞航导弹，1999，（3）：56－61．

[72] 罗世彬，罗文彩，王振国．高超声速巡航飞行器机体/推进系统一体化设计参数灵敏度分析 [J]．国防科技大学学报，2003，25（4）：10－14．

[73] 罗世彬，罗文彩，王振国．基于试验设计和响应面近似的高超声速巡航飞行器多学科设计优化 [J]．导弹与航天运载技术，2003，266（6）：2－9．

[74] 邱志成．智能结构及其在振动主动控制中的应用 [J]．航天控制，2002，20（4）：8－15．

[75] 陈敏，常军，刘正兴．基于能量准则的梁振动控制的 LQR 方法 [J]．上海交通大学学报，2004，37（12）：1942－1946．

[76] 董兴建，孟光．面向控制的压电主动结构建模方法 [J]．动力学与控制学报，2004，2（3）：70－75．

[77] 吴大方，刘安成，麦汉超，等．压电智能柔性梁振动主动控制研究 [J]．北京航空航天大学学报，2004，30（2）：160－163．

[78] 段勇，何麟书．压电自适应桁架结构主动控制模型及实验 [J]．北京航空航天大学学报，2005，31（9）：980－984．

[79] 谭平．粘贴式压电陶瓷作动器主动控制研究 [J]．南京理工大学学报（自然科学版），2005，29（6）：697－699．

[80] 董兴建，孟光．压电悬臂梁的动力学建模与主动控制 [J]．振动与冲击，2005，24（6）：54－56．

[81] 周连文，周军，李卫华．挠性航天器姿态机动的主动振动控制 [J]．火力与指挥控制，2006，31（6）：31－33．

[82] 陈勇，熊克，王鑫伟，等．飞行器智能结构系统研究进展与关键问题 [J]．航空学报，2004，25（1）：21－25．

[83] 陈龙祥，蔡国平．柔性梁受迫振动时滞变结构控制的试验研究 [J]．力学学报，2009，41（3）：410－417．

[84] 朱海霞. 基于压电元件的振动主动控制系统 [J]. 重庆工学院学报（自然科学版），2009, 23 (2): 131 – 135.

[85] 吴昱廷，黄华林，徐俊，等. 压电主动控制在减振和降噪中的应用 [J]. 压电与声光，2011, 33 (3): 456 – 458.

[86] Hollkamp J. J, Gordon R. W. An Experimental Comparison of Piezoelectric and Constrained Layer Damping [J]. Smart Materials and Structures, 1996, 5 (11): 744 – 750.

[87] Moini H. Concurrent Design of a Structure and Its Distributed Piezoelectric Actuators [J]. Smart Materials and Structures, 1997, 6 (2): 89 – 101.

[88] Corr L. R, Clark W. W. A Novel Semi-Active Multi-Modal Vibration Control Law for a Piezoceramic Actuator [J]. Journal of Vibration and Acoustics-Transactions of the Asme, 2003, 125 (2): 214 – 222.

[89] Sethi V, Song G. Multimodal Vibration Control of a Flexible Structure Using Piezoceramic Sensor and Actuator [J]. Journal of Intelligent Material Systems and Structures, 2008, 19 (5): 573 – 582.

[90] Sethi V, Song G. Optimal Vibration Control of a Model Frame Structure Using Piezoceramic Sensors and Actuators [J]. Journal of Vibration and Control, 2005, 11 (5): 671 – 684.

[91] 黄文虎，王心清，张景绘，等. 航天柔性结构振动控制的若干新进展 [J]. 力学进展，1997, 27 (1): 5 – 18.

[92] Kojima Y, Taniwaki S, Okami Y. Dynamic Simulation of Stick-Slip Motion of a Flexible Solar Array [J]. Control Engineering Practice, 2008, 16 (6): 724 – 735.

[93] Lee H, Murozono M. Vibration Characteristics and Thermal Structural Dynamic Responses of a Flexible Rolled-up Solar Array [J]. Transactions of the Japan Society for Aeronautical and Space Sciences, 2011, 54 (184): 111 – 119.

[94] 孙爱琴，王建国. 层合板壳振动主动控制的研究现状与发展 [J]. 合肥学院学报（自然科学版），2008, 18 (3): 59 – 62.

[95] Tjahyadi H, Adaptive Multi Mode Vibration Control of Dynamically Loaded Flexible Structures [D], Doctoral Dissertation, Flinders University of South Australia, 2007.

[96] Jansen L. M, Dyke S. J. Semiactive Control Strategies for Mr Dampers: Comparative Study [J]. Journal of Engineering Mechanics, 2000, 126 (8): 795 – 803.

[97] Glugla M, Schulz R. K. Active Vibration Control Using Delay Compensated LMS Algorithm by Modified Gradients [J]. Low Frequency Noise, Vibration and Active Control, 2008, 27 (1): 65 – 74.

[98] Vasques C. M. A, Rodriques J. D. Numerical and Experimental Comparison of the Adaptive Feedforward Control of Vibration of a Beam with Hybrid Active-Passive Damping Treatments [J]. Journal of Intelligent Material Systems and Structures, 2008, 19 (7): 805 – 813.

［99］ 罗剑波，姜长生. 基于 MCS 自适应算法的机翼颤振主动抑制 ［J］. 航空兵器，2008，
（3）：19 – 22.

［100］ Landau I. D，Alma M，Airimitoaie T B. Adaptive Feedforward Compensation Algorithms for
Active Vibration Control with Mechanical Coupling ［J］. Automatica，2011，47（10）：
2185 – 2196.

［101］ Mjalli F. S，Hussain M. A. Approximate Predictive Versus Self-Tuning Adaptive Control
Strategies of Biodiesel Reactors ［J］. Industrial & Engineering Chemistry Research，2009，
48（24）：11034 – 11047.

［102］ Sun L，Krodkiewski J，Cen Y. Self-Tuning Adaptive Control of Forced Vibration in Rotor
Systems Using an Active Journal Bearing ［J］. Journal of Sound and Vibration，1998，
213（1）：1 – 14.

［103］ Chen M. Y，Wu K. N，Fu L. C. Design，Implementation and Self-Tuning Adaptive Control
of Maglev Guiding System ［J］. Mechatronics，2000，10（1 – 2）：215 – 237.

［104］ HOSSEINI S K，MOUMENI H，JANABI SHARIFI F. Model Reference Adaptive Control
Design for a Teleoperation System with Output Prediction ［J］. Journal of Intelligent & Ro-
botic Systems，2005，59（3 – 4）：319 – 339.

［105］ Ko J，Strganac T. W，Junkins J. L，et al. Structured Model Reference Adaptive Control for
a Wing Section with Structural Nonlinearity ［J］. Journal of Vibration and Control，2002，
8（5）：553.

［106］ Nestorovi T，Koppe H，Gabbert U. Direct Model Reference Adaptive Control（Mrac）De-
sign and Simulation for the Vibration Suppression of Piezoelectric Smart Structures ［J］.
Communications in Nonlinear Science and Numerical Simulation，2008，13（9）：
1896 – 1909.

［107］ Khoshnood A，Roshanian J，Khaki-Sedig A. Model Reference Adaptive Control for a Flexi-
ble Launch Vehicle ［J］. Proceedings of the Institution of Mechanical Engineers Part
I-Journal of Systems and Control Engineering，2008，222（11）：49 – 55.

［108］ Khoshnood A. M，Roshanian J，Jafari A. A，et al. An Adjustable Model Reference Adap-
tive Control for a Flexible Launch Vehicle ［J］. Journal of Dynamic Systems Measurement
and Control-Transactions of the Asme，2010，132（4）：1 – 7.

［109］ Gu H，Song G，Malki H. Chattering-Free Fuzzy Adaptive Robust Sliding-Mode Vibration
Control of a Smart Flexible Beam ［J］. Smart Materials and Structures，2008，17（3）：
1 – 7.

［110］ 徐亚兰，陈建军，王小兵. 模型不确定压电柔性结构的鲁棒振动控制 ［J］. 机械强
度，2006，28（2）：185 – 189.

［111］ 于骁，谭述君，林家浩. 地震作用下建筑结构基于平衡降阶的时滞离散 h∞ 控制

［J］. 工程力学，2008，25（2）：148 – 153.

［112］ Cavallo A, De Maria G, Natale C, et al. Robust Control of Flexible Structures with Stable Bandpass Controllers ［J］. Automatica, 2008, 44（5）：1251 – 1260.

［113］ 李冬伟，白鸿柏，何忠波，等. 基于压电元件的柔性板 H_∞ 鲁棒振动控制实验研究 ［J］. 中国机械工程，2008，19（15）：1805 – 1810.

［114］ Peng C, Tian Y. C. Delay-Dependent Robust H（Infinity）Control for Uncertain Systems with Time-Varying Delay ［J］. Information Sciences, 2009, 179（18）：3187 – 3197.

［115］ 赵童，陈龙祥，蔡国平. 柔性板的时滞 H_∞ 控制的理论与实验研究 ［J］. 力学学报，2011，43（6）：1043 – 1053.

［116］ 杨海峰，王晓军，邱志平. 压电柔性结构振动的鲁棒控制 ［J］. 北京航空航天大学学报，2009，35（8）：957 – 961.

［117］ Chen S. Y, Chen Y. W, Zhang W. J, et al. A Method of Extracting Fuzzy Control Rules of Structural Vibration Using Fcm Algorithm ［C］. in 5th IEEE Conference on Industrial Electronics and Applications New York, 2010, 3：398 – 403.

［118］ Ofri A, Tanchum W, Guterman H. Active Control for Large Space Structure by Fuzzy Logic Controllers ［C］. in Nineteenth Convention of Electrical and Electronics Engineers in Israel, Jerusalem, Israel, 1996, 5 – 6, 515 – 518.

［119］ Wilson C. M. D, Abdullah M. M. Structural Vibration Reduction Using Self-Tuning Fuzzy Control of Magnetorheological Dampers ［J］. Bulletin of Earthquake Engineering, 2010, 8（4）：1037 – 1054.

［120］ Cohen K, Weller T, Levitas J, et al. Model-Independent Vibration Control of Flexible Beam-Like Structures Using a Fuzzy Based Adaptation Strategy ［J］. Journal of Intelligent Material Systems and Structures, 1997, 8（3）：220 – 231.

［121］ Jnifene A, Andrews W. Fuzzy Logic Control of the End-Point Vibration in an Experimental Flexible Beam ［J］. Journal of Vibration and Control, 2004, 10（4）：493 – 506.

［122］ Gu H, Song G. Active Vibration Suppression of a Composite I-Beam Using Fuzzy Positive Position Control ［J］. Smart Materials & Structures, 2005, 14（4）：540 – 547.

［123］ 曾光，李东旭. 空间智能桁架模糊振动控制研究 ［J］. 航天控制，2007，25（1）：85 – 90.

［124］ Si H. W, Li D. X. Active Control of Vibration Using a Fuzzy Control Method Based on Scaling Universes of Discourse ［J］. Smart Material & Structures, 2007, 16（3）：555 – 560.

［125］ 陈文英，褚福磊，阎绍泽. 智能桁架结构自适应模糊主动振动控制 ［J］. 清华大学学报（自然科学版），2008，48（5）：816 – 819.

［126］ Wei J. J, Qiu Z. C, Han J. D, et al. Experimental Comparison Research on Active Vibration Control for Flexible Piezoelectric Manipulator Using Fuzzy Controller [J]. Journal of Intelligent & Robotic Systems, 2010, 59 (1): 31 –56.

[127] Canelon J. I, Malki H. A, Jacklin S. A, et al. An Adaptive Neural Network Model for Vibration Control in a Blackhawk Helicopter [J]. Journal of the American Helicopter Society, 2005, 50 (4): 349 –353.

[128] 孙浩, 杨智春, 张玲凌. 基于神经网络的振动响应趋势预测研究 [J]. 机械科学与技术, 2006, 25 (12): 1454 –1457.

[129] Yang S. M, Chen C. J, Huang W. L. Structural Vibration Suppression by a Neural-Network Controller with a Mass-Damper Actuator [J]. Journal of Vibration and Control, 2006, 12 (5): 495 –508.

[130] 孙仲健. 柔性结构神经网络分布式振动控制 [J]. 中国水运, 2006, 6 (5): 197 –199.

[131] 郑毅强, 何敏. RBF 神经网络在桥梁振动控制时滞问题中的应用 [J]. 工程与建设, 2007, 21 (4): 516 –517.

[132] Monjezi M, Ghafurikalajahi M, Bahrami A. Prediction of Blast-Induced Ground Vibration Using Artificial Neural Networks [J]. Tunnelling and Underground Space Technology, 2011, 26 (1): 46 –50.

[133] Kumar K. P, Rao K, Krishna K. R, et al. Neural Network Based Vibration Analysis with Novelty in Data Detection for a Large Steam Turbine [J]. Shock and Vibration, 2012, 19 (1): 25 –35.

[134] 孟小猛. 自适应滤波算法研究及应用 [D]. 硕士学位论文, 北京邮电大学, 2010.

[135] Kalman R. E. Algebraic Structure of Linear Dynamical Systems, I. The Module of Sigma [J]. Proceedings of the National Academy of Sciences of the United States of America, 1965, 54 (6): 1503 –1508.

[136] Gabor D. The Smoothing and Filtering of Two-Dimensional Images [J]. Progress in biocybernetics, 1965, 2: 1 –9.

[137] Haykin S. Adaptive Filter Theory [M]. 4th Edition ISE Upper Saddle River, NJ, Prentice Hall, 2003.

[138] Lucky R. W. Signal Filtering with the Transversal Equalizer [C]. Proceedings of the 7th Annual Allerton Conference on Circuit and System Theory, Monticello, IL, USA, 1969: 792 –804.

[139] Griffiths L. J. A Simple Adaptive Algorithm for Real-Time Processing in Antenna Arrays [J]. Proceedings of the IEEE, 1969, 57 (10): 1696 –1705.

[140] Lacoss R. T, Griffiths L. J. Comments on ' a Simple Adaptive Algorithm for Real-Time Processing in Antenna Arrays' [J]. Proceedings of the IEEE, 1970, 58 (5): 797 –798.

［141］Sayed A. H. Adaptive Filters ［M］. Wiley-IEEE Press, 2008.

［142］Fuller C. R, Rogers C. A, Robertshaw H H. Control of Sound Radiation with Active/Adaptive Structures ［J］. Journal of Sound and Vibration, 1992, 157 (1): 19 – 39.

［143］Burdisso R. A, Fuller C. R, Suarez L. E. Adaptive Feedforward Control of Structures Subjected to Seismic Excitation ［C］. in Proceedings of the 1993 American Control Conference, San Francisco, USA, 1993, 28: 2104 – 2108.

［144］Burdisso R. A, Vipperman J. S, Fuller C. R. Causality Analysis of Feedforward-Controlled Systems with Broadband Inputs ［J］. Journal of the Acoustical Society of America, 1993, 94 (1): 234 – 242.

［145］Vipperman J. S, Burdisso R. A, Fuller C. R. Active Control of Broadband Structural Vibration Using the LMS Adaptive Algorithm ［J］. Journal of Sound and Vibration, 1993, 166 (2): 283 – 299.

［146］Bor-Tsuen W, Burdisso R. A, Fuller C. R. Optimal Placement of Piezoelectric Actuators for Active Structural Acoustic Control ［J］. Journal of Intelligent Material Systems and Structures, 1994, 5 (1): 67 – 77.

［147］Guigou C, Fuller C. R, Wagstaff P. R. Active Isolation of Vibration with Adaptive Structures ［J］. Journal of the Acoustical Society of America, 1994, 96 (1): 294 – 299.

［148］Smith J. P, Fuller C. R, Burdisso R. A. Control of Broadband Acoustic Radiation with Adaptive Structures ［J］. Journal of Intelligent Material Systems and Structures, 1996, 7 (1): 54 – 64.

［149］Guigou C, Fuller C. R. Adaptive Feedforward and Feedback Methods for Active/Passive Sound Radiation Control Using Smart Foam ［J］. Journal of the Acoustical Society of America, 1998, 104 (1): 226 – 231.

［150］Cabell R. H, Fuller C. R. A Principal Component Algorithm for Feedforward Active Noise and Vibration Control ［J］. Journal of Sound and Vibration, 1999, 227 (1): 159 – 181.

［151］Tu Y, Fuller C. R. Multiple Reference Feedforward Active Noise Control Part II: Preprocessing and Experimental Results ［J］. Journal of Sound and Vibration, 2000, 233 (5): 761 – 774.

［152］Carneal J. P, Charette F, Fuller C. R. Minimization of Sound Radiation from Plates Using Adaptive Tuned Vibration Absorbers ［J］. Journal of Sound and Vibration, 2004, 270 (4 – 5): 781 – 792.

［153］徐志伟, 陈仁文, 熊克. 飞机某复合材料弯管的振动主动控制 ［J］. 应用力学学报, 2002, 19 (3): 136 – 139.

［154］孙亚飞, 陈仁文, 徐志伟, 等. 基于压电智能结构飞机座舱振动噪声主动控制研究 ［J］. 宇航学报, 2003, 24 (1): 43 – 48.

［155］ 胡小锋，叶庆泰，彭晓春. 基于自适应滤波的悬臂梁振动速度反馈控制［J］. 机械强度，2004，26（3）：256－259.

［156］ 孙建民，杨清梅，陈玉强. LMS 自适应主动控制汽车悬架系统试验研究［J］. 中国机械工程，2003，14（24）：2153－2156.

［157］ 汤亮，陈义庆. 不平衡振动自适应滤波控制研究［J］. 宇航学报，2007，28（6）：1569－1574.

［158］ Park J. H, Rhim S. Experiments of Optimal Delay Extraction Algorithm Using Adaptive Time-Delay Filter for Improved Vibration Suppression［J］. Journal of Mechanical Science and Technology, 2009, 23（4）：997－1000.

［159］ 肖作超，张锦光. 主动隔振系统的辨识与自适应控制研究［J］. 长江大学学报（自然科学版），2011，8（5）：103－105.

［160］ Mazur K, Pawelczyk M. Active Noise-Vibration Control Using the Filtered-Reference LMS Algorithm with Compensation of Vibrating Plate Temperature Variation［J］. Archives of Acoustics, 2011, 36（1）：65－76.

［161］ Glugla M, Schulz R. K. Active Vibration Control Using Delay Compensated LMS Algorithm by Modified Gradients［J］. Journal of Low Frequency Noise Vibration and Active Control, 2008, 27（1）：65－74.

［162］ Semba T, White M. T. Seek Control to Suppress Vibrations of Hard Disk Drives Using Adaptive Filtering［J］. Ieee-Asme Transactions on Mechatronics, 2008, 13（5）：502－509.

［163］ 马宝山，孙建民，赵振宇. 自适应 LMS 算法在汽车悬架振动主动控制中的仿真研究［J］. 噪声与振动控制，2003，23（3）：3－6.

［164］ Tammi K. Active Control of Rotor Vibrations by Two Feedforward Control Algorithms［J］. Journal of Dynamic Systems Measurement and Control Transactions of the Asme, 2009, 131（5）：051012.

［165］ 丁渊明，王宣银. 多通道空间自适应滤波技术研究［J］. 浙江大学学报（工学版），2008，42（9）：1558－1562.

［166］ Montazeri A, Poshtan J. A Computationally Efficient Adaptive Iir Solution to Active Noise and Vibration Control Systems［J］. IEEE Transactions on Automatic Control, 2011, 55（11）：2671－2676.

［167］ Montazeri A, Poshtan J. A New Adaptive Recursive RLS-Based Fast-Array Iir Filter for Active Noise and Vibration Control Systems［J］. Signal Processing, 2011, 91（1）：98－113.

［168］ Widrow B. A Review of Adaptive Antennas［C］. in IEEE International Conference on Acoustics, Speech and Signal Processing, Washington, DC, USA, 1979：273－278.

[169] Morgan D. R. An Analysis of Multipole Correlation Cancellation Loops with a Filter in the Auxiliary Path [J]. IEEE Transactions on Acoustics, Speech and Signal Processing, 1980, 28 (4): 454 – 467.

[170] Burgess J. C. Active Adaptive Sound Control in a Duct: A Computer Simulation [J]. Journal of the Acoustical Society of America, 1981, 70 (3): 715 – 726.

[171] Bao C, Sas P, Van Brussel H. A Novel Filtered-X LMS Algorithm and Its Application to Active Noise Control [C]. in Sixth European Signal Processing Conference, Brussels, Belgium, 1992, 3: 1709 – 1712.

[172] Bao C, Sas P, van Brussel H. A Novel Filtered-X LMS Algorithm for Active Noise Control [J]. Journal A, 1993, 34 (1): 89 – 94.

[173] Morgan D. R, Sanford C. A Control Theory Approach to the Stability and Transient Analysis of the Filtered- X LMS Adaptive Notch Filter [J]. IEEE Transactions on Signal Processing, 1992, 40 (9): 2341 – 2346.

[174] Saito N, Sone T. Influence of Modeling Error on Noise Reduction Performance of Active Noise Control Systems Using Filtered-X LMS Algorithm [J]. Journal of the Acoustical Society of Japan (E), 1996, 17 (4): 195 – 202.

[175] Oh J. E, Park S. H, Hong J. S, et al. Active Vibration Control of Flexible Cantilever Beam Using Piezo Actuator and Filtered-X LMS Algorithm [J]. Ksme International Journal, 1998, 12 (4): 665 – 671.

[176] Douglas S. C. Fast Implementations of the Filtered-X LMS and LMS Algorithms for Multichannel Active Noise Control [J]. Ieee Transactions on Speech and Audio Processing, 1999, 7 (4): 454 – 465.

[177] Qiu X. J, Hansen C. H. A Modified Filtered-X LMS Algorithm for Active Control of Periodic Noise with on-Line Cancellation Path Modelling [J]. Journal of Low Frequency Noise, Vibration and Active Control, 2000, 19 (1): 35 – 46.

[178] 孙木楠. 一种噪声与振动主动控制的滤波——M LMS 算法 [J]. 振动与冲击, 2002, 21 (2): 50 – 52.

[179] Kang M. S, Yoon W. H. Acceleration Feedforward Control in Active Magnetic Bearing System Subject to Base Motion by Filtered-X LMS Algorithm [J]. IEEE Transactions on Control Systems Technology, 2006, 14 (1): 134 – 140.

[180] Gupta A, Yandamuri S, Kuo S. M. Active Vibration Control of a Structure by Implementing Filtered-X LMS Algorithm [J]. Noise Control Engineering Journal, 2006, 54 (6): 396 – 405.

[181] Das D. P, Panda G, Kuo S. M. New Block Filtered-X LMS Algorithms for Active Noise Control Systems [J]. Iet Signal Processing, 2007, 1 (2): 73 – 81.

[182] Carnahan J. J, Richards C. M. A Modification to Filtered-X LMS Control for Airfoil Vibration and Flutter Suppression [J]. Journal of Vibration and Control, 2008, 14 (6): 831 – 848.

[183] 李嘉全，王永，梁青. 基于次级通道前馈等效阻尼补偿的改进滤波 X-LMS 算法 [J]. 振动与冲击，2009, 28 (4): 113 – 116.

[184] 梁青，段小帅，陈绍青，等. 基于滤波 X-LMS 算法的磁悬浮隔振器控制研究 [J]. 振动与冲击，29 (7): 201 – 203.

[185] Yang Z. D, Huang Q. T, Han J. W, et al. Adaptive Inverse Control of Random Vibration Based on the Filtered-X LMS Algorithm [J]. Earthquake Engineering and Engineering Vibration, 2010, 9 (1): 141 – 146.

[186] 刘凯，王永. 磁悬浮隔振器参考信号提取研究 [J]. 仪表技术，2011 (4): 11 – 14.

[187] Eriksson L. J. Development of the Filtered-U Algorithm for Active Noise Control [J]. Journal of the Acoustical Society of America, 1991, 89 (1): 257 – 265.

[188] Kim I. S, Na H. S, Kim K. J, et al. Constraint Filtered-X and Filtered-U Least-Mean-Square Algorithms for the Active Control of Noise in Ducts [J]. Journal of the Acoustical Society of America, 1994, 95 (6): 3379 – 3389.

[189] Crawford D. H, Stewart R. W. Adaptive IIR Filtered-V Algorithms for Active Noise Control [J]. Journal of the Acoustical Society of America, 1997, 101 (4): 2097 – 2103.

[190] Nowak M. P, VanVeen B. D. A Constrained Transform Domain Adaptive IIR Filter Structure for Active Noise Control [J]. IEEE Transactions on Speech and Audio Processing, 1997, 5 (4): 334 – 347.

[191] Kim H. W, Lee S. K. Adaptive IIR Filter Using Variable Step Size for Active Noise Control Inside a Short Duct [C]. In Active and Passive Noise Control. Structural Acoustics, Dearborn, MI, USA, , 2009: 225 – 231.

[192] Kim H. W, Park H. S, Lee S. K, et al. Modified-Filtered-U LMS Algorithm for Active Noise Control and Its Application to a Short Acoustic Duct [J]. Mechanical Systems and Signal Processing, 2011, 25 (1): 475 – 484.

[193] Park J, Lee S. A Novel Adaptive Algorithm with an IIR Filter and a Variable Step Size for Active Noise Control in a Short Duct [J]. International Journal of Automotive Technology, 2012, 13 (2): 223 – 229.

[194] Wang A. K, Ren W. Convergence Analysis of the Filtered-U Algorithm for Active Noise Control [J]. Signal Processing, 1999, 73 (3): 255 – 266.

[195] Mosquera C, Perez-Gonzalez F. Convergence Analysis of the Multiple -channel Filtered-U Recursive LMS Algorithm for Active Noise Control [J]. Signal Processing, 2000, 80 (5): 849 – 856.

[196] Fraanje R, Verhaegen M, Doelman N. Convergence Analysis of the Filtered-U LMS Algorithm for Active Noise Control in Case Perfect Cancellation Is Not Possible [J]. Signal Processing, 2003, 83 (6): 1239 – 1254.

[197] Collet M, Walter V, Delobelle P. Active Damping of a Micro-Cantilever Piezo-Composite Beam [J]. Journal of Sound and Vibration, 2003, 260 (3): 453 – 476.

[198] Azvine B, Tomlinson G. R, Wynne R. J. Use of Active Constrained-Layer Damping for Controlling Resonant Vibration [J]. Smart Materials and Structures, 1995, 4 (1): 1 – 6.

[199] 李道奎, 雷勇军, 唐国金. 分段轴压阶梯梁自由振动及稳定性分析的传递函数方法 [J]. 国防科技大学学报, 2007, 29 (2): 1 – 4.

[200] Tso Y. K, Hansen C. H. Wave Propagation through Cylinder/Plate Junctions [J]. Journal of Sound and Vibration, 1995, 186 (3): 447 – 461.

[201] Mei C, Karpenko Y, Moody S, et al. Analytical Approach to Free and Forced Vibrations of Axially Loaded Cracked Timoshenko Beams [J]. Journal of Sound and Vibration, 2006, 291 (3 – 5): 1041 – 1060.

[202] Allik H, Moore S, Oneil E, et al. Finite Element Analysis on the Bbn Butterfly Multiprocessor [J]. Computers and Structures, 1987, 27 (1): 13 – 21.

[203] Balamurugan V, Narayanan S. Finite Element Formulation and Active Vibration Control Study on Beams Using Smart Constrained Layer Damping (Scld) Treatment [J]. Journal of Sound and Vibration, 2002, 249 (2): 227 – 250.

[204] 马治国, 闻邦椿. 智能结构的若干问题与进展 [J]. 东北大学学报 (自然科学版), 1998, 19 (5): 513 – 516.

[205] 张光磊, 杜彦良. 智能材料与结构系统 [M]. 北京: 北京大学出版社, 2010.

[206] 李卓球, 宋显辉. 智能复合材料结构体系 [M]. 武汉理工大学出版社, 2005.

[207] 李传兵, 廖昌荣. 压电智能结构的研究进展 [J]. 压电与声光, 2002, 24 (1): 42 – 46.

[208] 薛伟辰, 郑乔文, 刘振勇, 等. 结构振动控制智能材料研究及应用进展 [J]. 地震工程与工程振动, 2006, 26 (5): 213 – 217.

[209] Gawronski W, Lim K. B. Balanced Actuator and Sensor Placement for Flexible Structures [J]. International Journal of Control, 1996, 65 (1): 131 – 145.

[210] 严天宏, 牟全臣. 并置压电传感/作动器的最优配置及反馈增益研究 [J]. 振动工程学报, 1999, 12 (4): 570 – 576.

[211] Wang Q, Wang C. M. Optimal Placement and Size of Piezoelectric Patches on Beams from the Controllability Perspective [J]. SMART MATERIALS & STRUCTURES, 2000, 9 (4): 558 – 567.

[212] Caruso G, Galeani S, Menini L. On Actuators/Sensors Placement for Collocated Flexible Plates [C]. In 11th Mediterranean Conference on Control and Automation, Rhodes, Greece, 2003, 6 pp.

[213] Ning H. H. Optimal Number and Placements of Piezoelectric Patch Actuators in Structural Active Vibration Control [J]. Engineering Computations, 2004, 21 (5-6): 651-665.

[214] Kim T. W, Kim J. H. Optimal Distribution of an Active Layer for Transient Vibration Control of a Flexible Plate [J]. Smart Materials & Structures, 2005, 14 (5): 904-916.

[215] Demetriou M. A. A Numerical Algorithm for the Optimal Placement of Actuators and Sensors for Flexible Structures [C]. In Proceedings of the 2000 American Control Conference, Chicago, IL, USA, 2000, 4: 2290-2294.

[216] 周军, 周连文, 李卫华. 挠性结构振动控制中压电致动器/敏感器的优化配置 [J]. 系统工程与电子技术, 2005, 27 (3): 497-500.

[217] Kumar K. R, Narayanan S. The Optimal Location of Piezoelectric Actuators and Sensors for Vibration Control of Plates [J]. Smart Materials & Structures, 2007, 16 (6): 2680-2691.

[218] Kumar K. R, Narayanan S. Active Vibration Control of Beams with Optimal Placement of Piezoelectric Sensor/Actuator Pairs [J]. Smart Materials & Structures, 2008, 17 (5): 1726-1731.

[219] 潘继, 蔡国平. 桁架结构作动器优化配置的粒子群算法 [J]. 工程力学, 2009, 26 (12): 35-39.

[220] 潘继, 陈龙祥, 蔡国平. 柔性板压电作动器的优化位置与主动控制实验研究 [J]. 振动与冲击, 2010, 29 (2): 117-120.

[221] Bruant I, Gallimard L, Nikoukar S. Optimal Piezoelectric Actuator and Sensor Location for Active Vibration Control, Using Genetic Algorithm [J]. Journal of Sound and Vibration, 2010, 329 (10): 1615-1635.

[222] 王军, 杨亚东, 张家应等. 面向结构振动控制的压电作动器优化配置研究 [J]. 航空学报, 2011, 32: 1-6.

[223] Al Athel K. S, Effect of Piezoelectric Actuator Placement on Controlling the Modes of Vibration for Flexible Structures [D], Dissertation for Master Degree, King Fahd University of Petroleum and Minerals, 2005.

[224] Ahari M, Design Optimization of an Adaptive Laminated Composite Beam with Piezoelectric Actuators [D], Dissertation for Master Degree, Concordia University, 2005.

[225] Kennedy J, Eberhart R. Particle Swarm Optimization [C]. In Proceedings of ICN' 95-International Conference on Neural Networks, Perth, WA, Australia, 1995, 1942-1948.

[226] 王永, 董卓敏, 李红征, 等. 柔性结构振动主动控制中传感器/执行器位置优化研究

[J]. 南京理工大学学报（自然科学版），2002，26（S1）：29 – 35.

[227] 吴印泽. 挠性体振动控制中传感器/致动器位置的优化配置 [D]. 硕士学位毕业论文，南京理工大学，2004.

[228] Wang L, Zheng D. Z, A Kind of Chaotic Neural Network Optimization Algorithm Based on Annealing Strategy. Control Theory and Applications，2000，17（1）：1 – 8.

[229] Smith K, Palaniswami M. Static and Dynamic Channel Assignment Using Neural Networks. IEEE J. Select. Areas Commun，1997，15（2）：238 – 249.

[230] Chen L, Aihara K. Chaotic Simulated Annealing By a Neural Network Model With Transient Chaos. Neural Networks，1995，8（6）：915 – 930.

[231] Wang L, Smith K. On Chaotic Simulated Annealing. IEEE Transactions on Neural Networks，1988，9（4）：716 – 718.